JN260792

海と人と魚

日本漁業の最前線

共同通信編集委員
上野敏彦
Toshihiko UENO

農文協

目次

第九章　**内陸で漁業に夢見て**

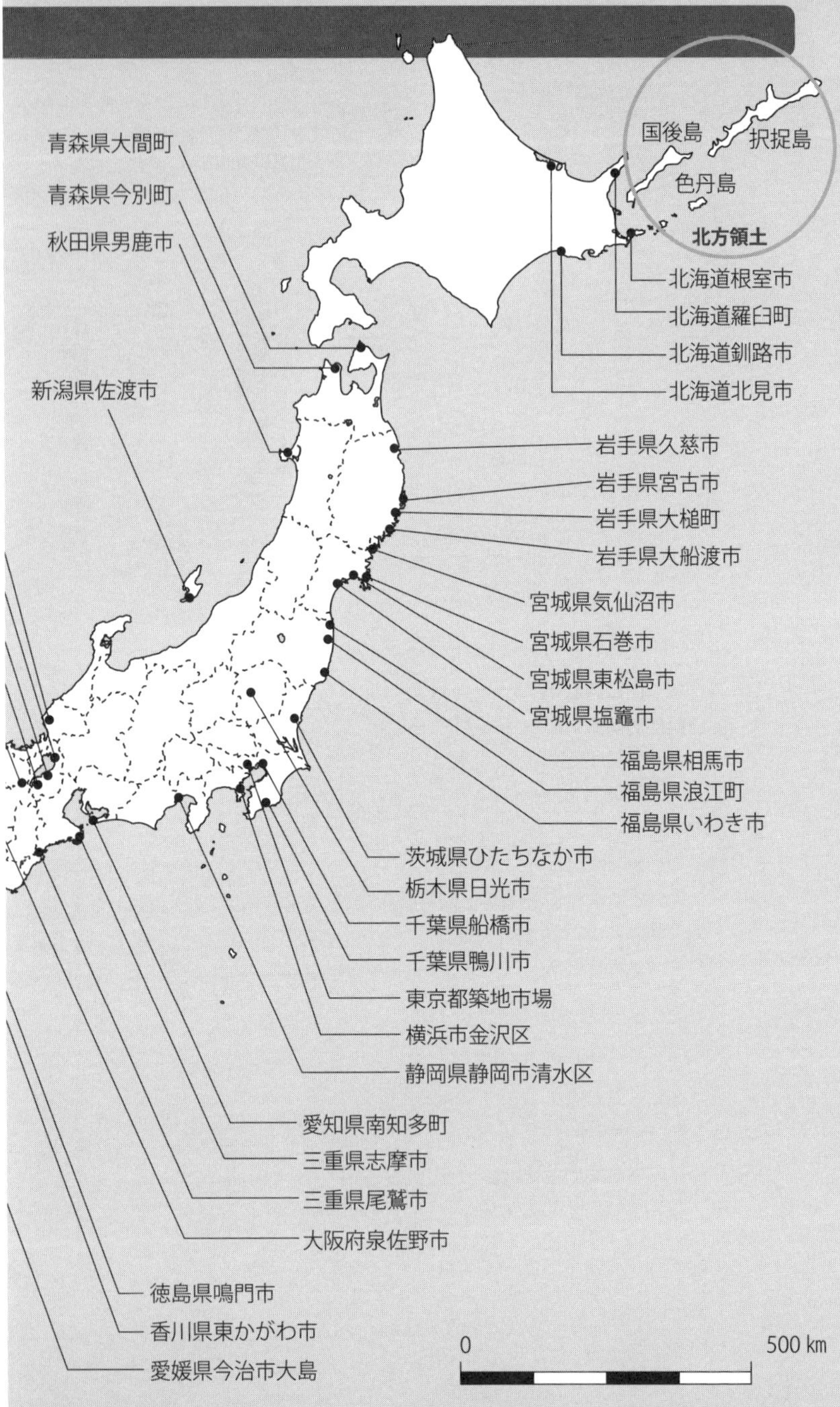
国後島
択捉島
色丹島
北方領土
青森県大間町
青森県今別町
秋田県男鹿市
新潟県佐渡市
北海道根室市
北海道羅臼町
北海道釧路市
北海道北見市
岩手県久慈市
岩手県宮古市
岩手県大槌町
岩手県大船渡市
宮城県気仙沼市
宮城県石巻市
宮城県東松島市
宮城県塩竈市
福島県相馬市
福島県浪江町
福島県いわき市
茨城県ひたちなか市
栃木県日光市
千葉県船橋市
千葉県鴨川市
東京都築地市場
横浜市金沢区
静岡県静岡市清水区
愛知県南知多町
三重県志摩市
三重県尾鷲市
大阪府泉佐野市
徳島県鳴門市
香川県東かがわ市
愛媛県今治市大島
0
500 km

図1　本書の主な取材地

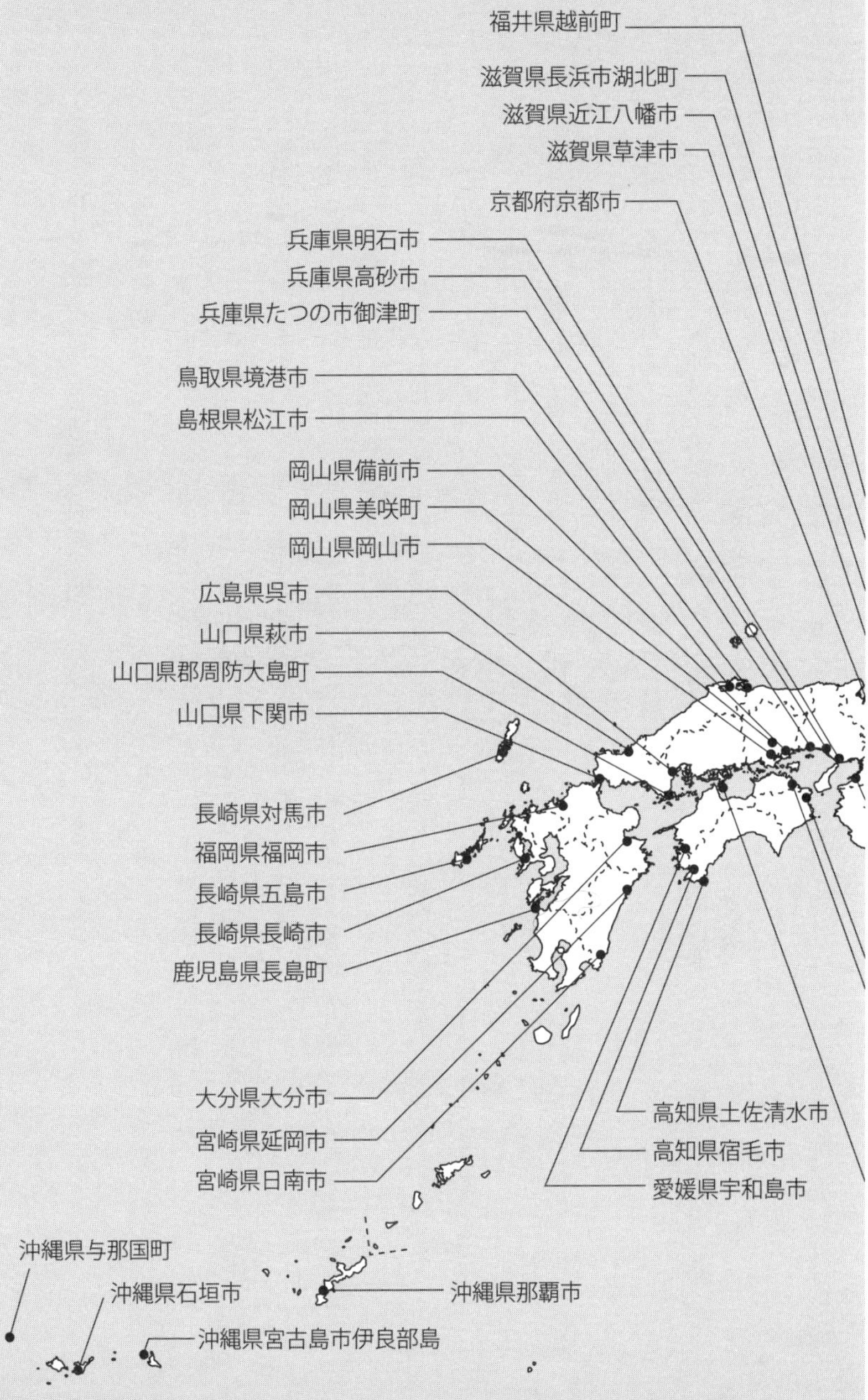
福井県越前町
滋賀県長浜市湖北町
滋賀県近江八幡市
滋賀県草津市
京都府京都市
兵庫県明石市
兵庫県高砂市
兵庫県たつの市御津町
鳥取県境港市
島根県松江市
岡山県備前市
岡山県美咲町
岡山県岡山市
広島県呉市
山口県萩市
山口県郡周防大島町
山口県下関市
長崎県対馬市
福岡県福岡市
長崎県五島市
長崎県長崎市
鹿児島県長島町
大分県大分市
宮崎県延岡市
宮崎県日南市
高知県土佐清水市
高知県宿毛市
愛媛県宇和島市
沖縄県与那国町
沖縄県石垣市
沖縄県那覇市
沖縄県宮古島市伊良部島

はじめに――震災五年目の光景

岩手県大船渡市の丘の上に立つと、リアス式の入り江に静かな青い海がどこまでも広がるのが見える。特にオレンジ色の朝日が昇る瞬間は、まさに三陸の絶景という趣だ。

二〇一一（平成二十三）年三月十一日、東日本大震災が発生し、この大船渡湾にも巨大な津波が押し寄せ、多くの人々や民家を呑みこんだことを忘れてはならない。

あれから五年近くがたつ二月二日の朝、小雪が舞う中を地元の漁師細川周一さんの漁船「弘福丸」に乗せてもらい、沖に出た。

かつての惨事など想像もできないほど美しく澄んだ海には養殖区域を示す黒いブイがいくつも浮かび、その脇で若者が養殖ワカメの新芽を黙々と摘んでいた。これはワカメを立派に成長させるための「間引き」の作業という。

水深三五メートルほどの海中から引き上げたロープには茶色のワカメがびっしりと付いていて、その柔らかい部分をナイフで次々と刈り取っていく。

「今年の出来はどうだい」と細川さんが声を掛ければ、

「いいワカメが採れてますよ」と答えるのは、大船渡市末崎《まっさき》町の北浜わかめ組合の有志で組織する「虹の会」のメンバーだ。

細川さんはこの会の代表である。

サポーター制度を通して復興を支援してくれた全国の関係者に、妻のとくさんが窓口になってこの早取れワカメを送るが、肉厚でシャキシャキした歯ごたえが特徴。「まっさきワカメ」の愛称で呼ばれ、鍋に湯を沸かし、生のワカメをさっとくぐらせ、緑色に変わったらポン酢に付けていただく。しゃぶしゃぶスタイルで食べると、ワカメの味は最も良くわかるのだそうだ。

雪が舞う中、北浜わかめ組合の若い漁師がワカメの間引き作業をすすめる（岩手県の大船渡湾）

震災では二三隻あった漁船のうち残されたのは三隻だけで、漁港は一メートルも地盤沈下し、ワカメの塩蔵施設の多くも流されてしまった。

細川さんは震災が起きた当時、浜でワカメの芯を抜く作業をしていて、大きな揺れに驚き、丘の上へ避難したが、自宅は失った。「震災の一年前にもチリから津波が襲来して施設の多くが壊され、それを復旧したばかり。そこをまたやられたのだから、われわれのショックは大きかった」と振り返る。

それでも、仲間とがれきの撤去や流された漁船の回収をしているうちに海上でワカメが付着した養殖棚が漂っ

ワカメの新芽を刈り取った細川周一さん

ているのを見つけ、それから種を採取してワカメの養殖再開にこぎつけたのだった。

一九五一（昭和二十六）年に地元で生まれた細川さんは若いころ、遠洋マグロ漁船に乗ってニュージーランド沖で操業した経験もあったから、チームワークの大事さを体で身に着けていた。

三十代でワカメ漁師へ方向転換するが、震災後自分が頑張らなければ、この浜はバラバラになると悟り、まとめ役を引き受けたのだという。

末崎の歴史をたどると、一九五三（昭和二十八）年に地元の小松藤蔵氏が漁民の所得向上を目指して誰もが経験したことのないワカメの養殖に挑戦した。稲わらで編んだ縄にコールタールを塗って養殖綱にするなど工夫を重ねた末、四年後に養殖技術を完成させた。同じ末崎町に住む佐藤馨一氏がワカメを湯通しして、塩蔵する保存技術を開発し、それらのノウハウは三陸全体、やがて日本全国へと広がっていく。

ここのワカメは品質が優れているため、かつては鳴門産ワカメとして売られていた時代もあったという。

まさに末崎が「養殖ワカメ発祥の地」と呼ばれるゆえんで、地元の末崎中学校では日本で唯一といわれるワカメの総合学習まで行われている。

細川さんたちが講師になり、ワカメの間引き作業や販売体験などのカリキュラムを通して地域の誇りを若い世代へと伝えていく。

それでも、日本全体のワカメの自給率は二五パーセントまで低下し、中国や韓国からの輸入物が多く出回っているのが現状だ。国産ワカメの値段は三〇年前と変わらないなど、漁師にすれば改善してほしい問題も少なくないという。

「マグロ船に乗っていたころは、ワカメの養殖はいい仕事と思わなかったけれど、家族を何とか食べさせてきて、震災まで乗り切った。東京で働いていた息子が今度浜へ帰って来るので、一緒にワカメをやらなければ。当分楽はできそうもない人生だ」と言って、細川さんは日焼けした顔をほころばせた。

序章

瀬戸際の水産業

千年に一度の災禍と呼ばれた東日本大震災から復興を遂げつつある東北の海の様子をはじめにで紹介したが、ここ四年余りの間、北海道のオホーツク海沿岸から沖縄の与那国島に至る日本列島各地の漁村を取材で歩いてきた。

私が新聞記者になった一九七九年当時、日本は世界一の漁業生産量を誇る水産王国だった。それが三五年後の二〇一四年には中国に首位の座を譲り、インドネシアやベトナムなどアジアの各国にも追い越され、世界八位にまで落ち込んだ。

その理由を知りたくて、多くの漁業者に会って話を聞いてきたわけだが、かつて世界の海を制覇した日本の遠洋漁業は一九七〇年代後半に多くの国が二〇〇カイリ経済水域を設定して以降、日本漁船は公海上へ締め出され衰退の一途をたどった。

沖合・沿岸漁業でも乱獲や海の環境変化などが原因で漁獲量は減少した。それらに加え、日本の水産業は魚価の低迷や漁業者の高齢化、燃料に使う重油代の高騰などの悪条件を抱え、震災に追い打ちをかけられた格好になっている。

二〇一五年秋にはサンマが極端な不漁になり、新聞紙面をにぎわせた。

サンマは毎年夏千島近海から南下し、三陸沖から南の日本近海で産卵するが、日本の排他的経済水域（ＥＥＺ）に接する北太平洋の公海上で中国や台湾などの大型船が六月ごろから先取りするため、日本の沿岸へ近づくサンマの数が少なくなってしまったのだ。

日本人の食生活で魚といえば、かつてはアジやイワシ、サンマなど青魚の大衆魚が食卓に並んだが、グルメブームに沸く平成の世では小学生までもが回転寿司でクロマグロ（ホンマグロ）のトロの握りに舌鼓を打つ。かつては晴れの場でのごちそうだったウナギのかば焼きも日常の食生活にすっかり溶け込んでいる。

その結果、日本は太平洋クロマグロの八割、世界のウナギ資源の七割を消費し、海外から批判の目を向けられることも。「このままでは国産サンマが食卓から姿を消す」とあわてた日本は東京で開いた国際会議で、関係国へサンマの漁獲規制を訴えたが、波乱含みの展開も予想される。脂がのったサンマの塩焼きのおいしさを人口一三億という巨大な胃袋を持つ中国の人々も知ってしまったからだ。

日本の水産業は以上で見てきたように内外にさまざまな課題を抱えるが、身近な問題点として考えるのにふさわしい魚はサバではないだろうか。

国内の食堂や居酒屋で出されるサバの塩焼きは国産ではなくて、ノルウェーから輸入されたものが多い。越前サバの本場、福井でつくられるサバ寿司にも輸入サバが使われているものがけっこうあることはあまり知られていない。

北欧からの輸入サバはニシマサバといって、日本のマサバやゴマサバと比べ脂がよくのっていて、型が大きいのが特徴で、一九九〇年代から国内で出回っている。

脂が強すぎるので、和食の世界では余分な脂分を落とすために考え出したのが、サバをガス・バーナーで炙る料理法だ。テレビのグルメ番組で料理人による派手な演出で話題になったが、焼きサバ寿司が今では土産店などでの定番となっている。

日本のサバは巻き網船で漁獲されるが、漁法の向上による乱獲で激減し、やせ細ったロウソクサバと呼ばれる未成魚まで水揚げされ、養殖魚の餌に回されているほどだ。

自国民はサバをあまり食べないノルウェーでは、サイズのそろった大型サバだけを日本へ輸出し、量販店をターゲットにした戦略が功を奏し、二〇〇六年に七パーセントだったシェアが五年後の二〇一一年には一五パーセントへと倍増していった。

逆に日本で獲れたサバは型の良いもの以外は国内にあまり出回らず、中国やタイなどに加工品用として輸出しているが、価格は安く、廉価なサバを輸出して高値のサバを輸入する形となり、資源と金の無駄遣いをしているのが現状である。

漁業資源の在り方について考えるための、さらに分かりやすい例としては、ノドグロの別名を持つアカムツが象徴的だろう。日本近海で獲れるこの魚は魚体こそ鮮紅色だが、口の中のノドの部分が真っ黒だからこう呼ばれる。

「白身のトロ」の別称があるほど脂がよくのっていて刺し身でも塩焼きにしてもおいしく、体長が約二〇センチのノドグロが飲食店では一匹三〇〇〇円もする。その超高級魚の開きを焼いたものが都内の居酒屋では二匹五〇〇〇円くらいで食べられる。格安の理由は七、八センチとサイズが小さいからだ。

高級魚ノドグロの稚魚煮干し、築地市場

食材にこだわりが求められるグルメの時代、築地市場の乾物店では、ノドグロの体長二、三センチの小指ほどの稚魚の煮干しが「最高級お吸い物お出し」と銘打って一〇〇グラム三五〇円で売られているが、干からびたピンク色の姿が何とも痛々しい。

日本海の巻網漁船が混獲したものを、以前は畑の肥料にしていたが、もったいないとばかり市場に流通させた結果である。生きとし生けるものを最後まで食材として使って成仏させたという意味では、日本人の食生活の知恵といえるかもしれないが、乱獲の象徴のような気もしてならない。

今世界の漁業は資源管理の時代に入っていて、小さな魚は獲らず、大きく育ってから漁獲するのが流れになっている。ノルウェーのサバもそうした象徴例といえよう。

日本の沿岸漁業は多くの魚種を同時に混獲するため、単一魚種を追い求める北欧漁業の事例をそのまま参考にすることはできないが、新潟県の佐渡島では二〇一一年から漁船一隻当たりが漁獲できるホッコクアカエビ（甘エビ）の漁獲量を割り当てる資源管理が行われている。

大分県国東半島の姫島では明治以来「漁業期節」という独自の操業規則を制定している。毎年十二月の漁協総代会で、クルマエビやカレイなど魚介類の資源状況に合わせて禁漁期や禁漁区などを決めるもので、海の憲法のような存在。県や国が決めた規制より厳しく、ＯＥＣＤ（経済開発協力機構）への報告でも注目されているほどだ。

このほかにも列島の各地で資源を守るため、漁具や網数を規制するなどのさまざまな自主管理が続けられている。

しかし、それだけでは解決できない深刻な問題が日本の海では起きているのである。

瀬戸内海では約二〇年前から養殖ノリの色落ち現象が目立ってきた。沿岸部の工場の排水浄化能力が高まり、栄養塩になる窒素やリンが海に流れ込まなくなり、貧栄養化が進んでいるからだ。この影響で明石海峡ではイカナゴがやせてきて、それをエサとする特産の明石ダイの生育にも影響が出るのでは、と漁民が心配している。

ここ一〇年、その瀬戸内海などで漁獲が多かったサワラなど南の海の魚が東北など北の海で獲れるようになっている。二〇一三年夏には北海道のサケの定置網に高価な値がつくクロマグロが大量に入り、漁師はうれしい悲鳴を上げた。

その一方で、沖縄県の北部ではテーブルサンゴが死滅する白化現象が広がり、山陰の宍道湖では特産のワカサギが激減した。東京湾では江戸前のアイナメの数が少なくなったと釣り人が嘆く。一時期、禁漁で注目された秋田県ではハタハタが産卵する海藻類が減り、再び資源量の減少を招いている。

いずれも大気中の二酸化炭素（炭酸ガス）が増える地球の温暖化による海水温の上昇が関係しているとみられる。増えた炭酸ガスは海水に溶け込み、海洋の酸性化という新たな問題も引き起こす。

日本近海は黒潮の蛇行の仕方によってイワシやカツオの漁場も動いていくが、一九八〇年代に日本が世界一の漁獲量を記録し続けたのもマイワシが大量に獲れたからだった。

周囲を海に囲まれ、中国の二倍の海岸線を持ち、領海と排他的経済水域（ＥＥＺ）を合わせれば、世界で六位の広大な海洋面積、四位の体積（日本周辺の海は深く、立体的広がりが大きい）を持つ日本――。中国船がその海域に入り込み、東シナ海では虎網という強引な漁法を使ってサバを根こそぎ獲ったり、小笠原沖ではサンゴの密漁をしたりしている。

海外との関係でいえば、環太平洋経済連携協定（ＴＰＰ）交渉で、日本は二〇一五年十月にクロマグロやサケ・マスなどの水産物にかけている関税を撤廃する方針を決めた。輸入水産物の店頭価格は安くなる可能性もある一方で、国内漁業が打撃を受ける恐れも出てきた。

日ごろ、新聞を開いても農業に比べ、水産業の記事は少なく、かつての漁業王国ニッポンが今、どこへ行こうとしているのか、読者には分かりにくくなっているように思う。

列島各地の漁村を歩いてきて、さまざまな問題を抱えながらも懸命に海と生きる人々の存在を知った。それぞれが目先のことだけでなく、何年後、何十年後をも視野に入れて海の環境を大事にしながら漁に励む姿には心を動かされたものである。

たとえ一つ一つの取り組みは小さくても、それが他の地域に広がれば日本漁業の再生につながるのではないか――。民俗学者・宮本常一（一九〇七―八一年）はかつて、そんな夢を抱いて全国の離島や漁村、農山村を訪ね歩き、膨大な記録を残して、人々の生活向上に貢献した。

それから半世紀余り。宮本の「あるく　みる　きく」の姿勢にならって、各地の浜を歩いて見聞してきたことを次章から伝えていきたい。（登場人物の年齢、肩書は原則として取材時時点のものです）

I

東北の海を行く

第一章　風評被害と闘う

福島

◉太平洋銀行

二〇一一（平成二十三）年三月十一日に三陸沖で発生したマグニチュード九の東日本大震災は、大津波を引き起こし、東北地方の沿岸部で死者・行方不明者二万人を超す惨事に拡大させた。

未曾有の規模の天災は同時に、東京電力の福島第一原子力発電所事故による海洋への放射能汚染という深刻な事態を引き起こし、地元の漁業者たちを苦しませている。

事故から間もなく四年という二〇一五（同二十七）年二月二十六日の午前四時半、福島県いわき市の江名港から「第二十三常正丸」という一九トンの底引き網漁船に、取材で同乗させてもらい、太平洋上へ出た。

木下惠介監督の映画「喜びも悲しみも幾歳月」の舞台で知られる塩屋埼灯台から一時間ほどの沖で、海上の気温は三度、波の高さ一メートルと、この季節にしては穏やかだった。

グィーン、グィーン……、ズルッ、ズルズル……。

船の後部甲板から魚をすくう網の付いた太いロープがスピードを上げて、水深約百メートルの海中へ次々と送り出されていく。ロープにうっかり足を取られたら、そのまま海へ引きずり込まれそうな勢いだ。

夜がすっかり明けた午前七時過ぎ、引き揚げられた網からヒラメやアナゴ、カレイ、スズキ、ホウボウ、アンコウといった地魚がピチピチと躍り出てくる。

「宝のような魚がたくさん湧く海だから、俺たち漁師は太平洋銀行って呼んでいるんだ。それが原発事故で自由に使えなくなってしまってね……」と言って、漁労長の矢吹正美さんが表情を曇らせた。

「安全な魚だけを出荷するので、福島の魚を今までのように食べてほしい」と語る矢吹正美さん（福島県・常磐沖）（撮影：中村靖治）

矢吹さんは一九六三（昭和三十八）年地元江名生まれの五十一歳。水産高校を卒業してから、父親で現在いわき市漁協の組合長を務める正一さんと一緒に沖へ出るようになった。

二十代半ばごろには周囲から一目置かれる漁師に成長して、多少のシケなら沖へ出る度胸の良さと、漁獲高を競う地区の大会では毎年優勝するほどだったから、二人は「いわきの父子鷹」と呼ばれたこともある。

福島県の海岸は東北でもリアス式の三陸海岸と違って平たんな砂浜が続くが、沖に出ると海底に砂場と岩場があって起伏に富む。暖流の黒潮と寒流の親潮がぶつかる「潮目の海」でもあるので、二〇〇種類以上の魚介類が漁獲され、この中には「常磐もの」と呼ばれる高値の魚がたくさん獲れることで築地市場でも定評があった。

それが原発事故後、本格操業は自粛せざるを得なくなり、週一、二回の試験操業と海水の環境測定のための操業だけを組合員が持ち回りで続けているのが現状だ。

今回の出漁は魚体に残留するセシウムやヨウ素などの放射性物質濃度を調べるのが目的で、検査用の魚を除き、残りはすべて海中に戻すが、それを狙うカモメが船を覆うように乱舞する。

父の矢吹正一さんは一九三七（昭和十二）年生まれで、この時、七十八歳。両ひざを痛めて一四年前に船を下りてからは、破れた漁網を補修して息子を支える裏方に回った。

しかし、この日は久しぶりに船へ乗り込み、「漁師ほどいい商売はないさ。魚とは人間と違って口を利かなくてもすむし、眠気と海の怖ささえ我慢すれば、自分の腕次第で漁獲はいくらでも上げることができるのだから」と語り、ご機嫌だった。

ふだんは地元漁業者の代表として、東電の事故処理対応にストレスが多い日々を送っているだけに、潮風を全身で浴びて甦った心地がしたのだろう。

日本はかつて遠洋漁業で世界に名をはせた時代もあった。

しかし、それは過去の栄光といってよく、現在の日本では沿岸や沖合の近海漁業で生計を立てている漁業者が大半である。

いわきで三代目漁師になる矢吹正一さんの人生には、そうした海で生きる男の歴史が凝縮されているようにも見える。

日中戦争勃発の年に生まれた矢吹さんは、もの心がつくころから父親の常重さん（一九七二年に七十歳で死去）が出漁するのを浜で見送ったり、水揚げされた魚を一家で仕分けしたりするうちに、漁師の卵として成長していった。

しかし、戦時中は父が乗っていたカツオの一本釣り漁船も軍に沿岸防衛のため徴用に回され、家にあったやかんをはじめ金属類はすべて供出させられた。戦争末期には福島沖に連合軍の艦隊が現れ、艦砲射撃を始め、東京から仙台へ向かう日本の輸送船は沈められていったという。

「夜になるとボーン、ボーンという音が聞こえ、光が見えただけだが、子供心に恐怖心が募った。また、塩屋崎灯台の近くには海軍の兵舎があったため、グラマンが何機も飛んで来て、機銃掃射した。その薬きょうを拾って子どもたちは遊んだものです」と矢吹さんは当時を

船上で環境調査のための網を引くいわき市漁協組合長の矢吹正一さん（福島県・常磐沖）（撮影：中村靖治）

回想する。

そして、ほどなく迎えた一九四五（昭和二十）年八月十五日の終戦――。戦地からたくさんの男たちが復員してきて、浜にはにぎわいが戻ってきた。

「漁師はてっとり早く金になる」というわけで、皆小型の木造和船である伝馬船に乗って、コウナゴやホッキガイを獲りに出漁した。戦時中、魚はあまり獲っていなかったので、海には無尽蔵といっていいほど魚が生息していた。

女たちが浜に大きな釜を並べ、たき火で海水を炊いて塩をつくると、それを買い求める東京からの客が列をつくった。釜の下で焼いたイモを差し出すと、食糧不足の時代だったので皆大喜びだったという。

そんな光景を見て育った矢吹さんは小学三年の時、担任に将来の夢を聞かれ、「おっとうみたいな漁師になりてえ」と答えたところ、クラスの皆に笑われて「馬鹿にするな」と一念発起した。

父親は息子が魚をたくさん獲るとほめて、やる気を引き出し、地元でひとかどの漁師に成長させていったが、このころ日本の漁業はサンフランシスコ講和条約（一九五一年）や日ソ漁業条約（五六年）の締結で、大きな転換期を迎え、大正時代に始まり先の大戦中に途絶えていた北洋のサケ・マス漁を再開していく。

自宅に近い江名港は北洋大型船の代表的な基地だったため、本人も「おっとうとおかあに楽をさせたい」と二十二歳でマルハ大洋の主力船団に属する独航船へ乗り込み、北のベーリング海を目指した。

「低気圧の墓場」と呼ばれるほど海が荒れる北洋では「奴隷のように働き、飯を食っている時でも居眠りした。でも三年働けば家が一軒たつほどの収入があった」という。

しかし、一九七七（昭和五十二）年に米国とソ連が二百カイリの排他的経済水域を設定すると、海で自由に魚を獲れる時代は終わり、矢吹さんは三十八歳で地元に戻って沿岸と近海の底引き網漁に方向転換する。借金をして自分の漁船も持ち、やがて高校を出た息子の正美さんとそろって沖で汗を流すようになっていく。

東京電力による福島第一原発の一号機から六号機の建設はこうした時期に進められたが、福島の漁民は「原発は絶対安全」という東電と国の説明をうのみにするしかなかったという。

膝を痛めてから息子に漁は任せて陸に上がった矢吹さんは二〇一〇（平成二十二）年には漁協の組合長に選任されて、人生を平凡に終えるはずだったのが、原発事故で運命を大きく狂わされた。

あの日、常正丸は茨城県沖でヒラメやナマコを獲っていた。

「振動がすごかった。スクリューに何かがからまるような音がしてエンジントラブルが起きたのかと思った。沖で一泊して江名の港へ戻ると、車が浜へ打ち上げられているのには驚いた」

正美さんは当時の様子をこう振り返るが、帰港した翌日には福島第一原発の一号機で水素爆発が起きた。

そして、その後も続く汚染水流出や浄化した汚染水を海に放出する「サブドレイン計画」の実施など、沿岸漁業者にとって神経を逆なでされる事態が続いている。

「初めはすぐ収まるだろうと軽く考えていたが、事態がこれほど深刻で長期化するとは思わなかった。原発を廃炉にするため、俺たちも協力しているのだから、東電は漁師にうそをつくなんて許されねえことだ。電力会社も国の政治家も口先だけでなく、体を動かして事態の解決に当たたってほしい」

矢吹さん父子は福島の漁師を代表して、開発側の姿勢にこう注文を付けているが、矢吹さんたち福島の漁協組合長が会議を開く時には、最初から報道陣を会場に入れ、話し合いの中身が分かるようにオープンにしている。

漁協の会議といえば、非公開で行うのが一般的だが、「自分たちの苦しみを消費地の皆さんにもありのままに知ってほしい。そして安全な魚を出荷するために、こんなに苦労していることを理解してもらうためには隠しごとはできないと思ったからだ」という。

◉起死回生へ試験操業

太平洋と阿武隈山地にはさまれた福島県双葉郡の双葉町から楢葉町にかけての沿岸部は、浜通りと呼ばれる地域の中でも戦後の開発から取り残され、かつては「福島のチベット」と呼ばれていた。

■試験操業海域

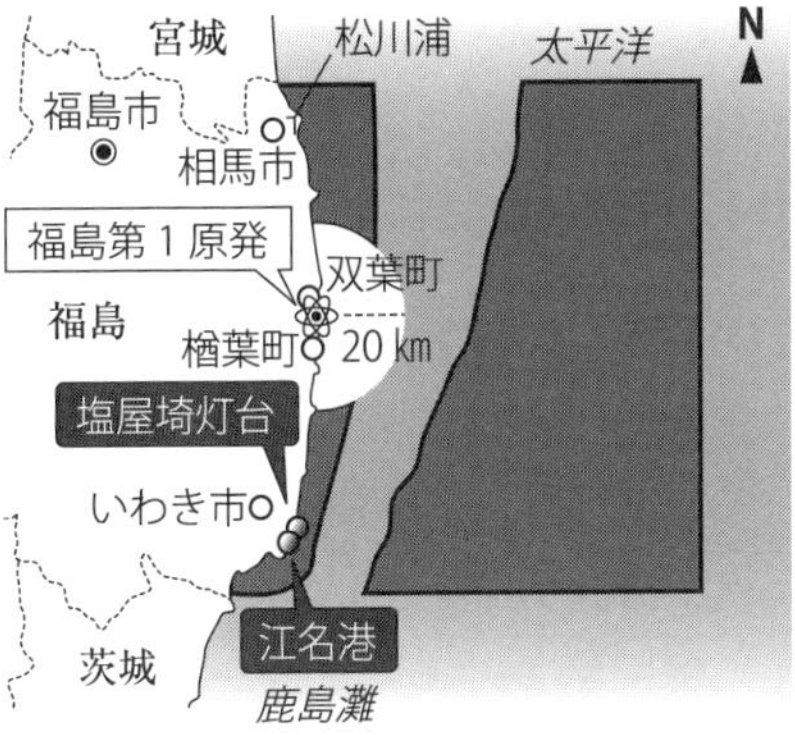

図２　福島県沖の試験操業海域

そんな地域の底上げを図ろうと、佐藤善一郎福島県知事が原発誘致を表明したのは一九六〇（昭和三十五）年のことだった。戦前は陸軍の航空隊基地、戦後は製塩業を営む民有地を東京電力が買収し、第一、第二の原子力発電所計一〇基を設置し、首都圏へのエネルギー供給基地を造成してきた。

今回の東日本大震災で事故を起こした東電福島第一原発の一号機の運転が始まったのは一九七一年。大阪で万国博が開かれた翌年で、日本が高度経済成長へ歩みを進めている時期だった。

原発が沿岸部にできると、地先の漁業権を開発側へ売り渡すため、漁業は制約されるが、温排水の影響を受けない海域や沖合では自由に操業できる。「常磐もの」と呼ばれるヒラメなど良質な魚介類が獲れる福島県の水産業は、震災前年の二〇一〇（平成二十二）年の漁業生産量は約八万四〇〇〇トンと全国都道府県で二一位だったが、後継者確保率でいうと全国二位で若い漁業者が多いのが特徴という。

漁業振興に力を入れる福島県は一九九三（平成五）年から全国に先駆け、体長三〇センチ未満のヒラメは「獲らない・売らない・食べない」運動を始める一方で、九六年からヒラメの稚魚放流も実施してきた。それより前から、名産のホッキガイに資源管理のためのプール制を導入するなど、豊かな海づくりを実践してきた。

そうした矢先に、福島の漁業者は震災による津波と原発事故という二重の苦難を強いられることになった。

福島県を代表する漁協は、先にも紹介した矢吹正一さんが率いるいわき市漁協と、県北部の佐藤弘行さんが組合長を務める相馬双葉漁協があって、双方は原発の南側と北側にある単協がそれぞれ合併する形で二〇〇〇年以降に誕生した。

いわき市にはかつて常磐炭鉱からの石炭の積み出しで栄えた小名浜港があり、現在も物流の拠点にもなっているが、沿岸漁業で見れば、相馬市にある松川浦漁港のほうが若い漁師の姿が多く見られ、活力にあふれている。

しかし、今回の震災による津波で相馬双葉漁協も建物をはじめ、漁協市場、漁業施設、多くの漁船を流され、組合員一〇一人が犠牲になった。

松川浦は南北約五キロにおよぶ潟湖で、大小の島や岩が点在するため、「小松島」とも呼ばれる日本百景の一つ。青ノリの養殖産地としても有名で、約七〇〇ヘクタールの干潟に年間一〇〇万人が海水浴や潮干狩り目的で訪れたが、津波による地盤沈下でアサリの種場も失われ、浜から観光客のにぎわいは消えた。

原発事故で被害を受けた漁民に対し、東京電力は過去五年間の水揚げ記録から最高と最低の年を除いた三か年の平均の約八割を賠償金として支払うことにした。

当然、働かなくなったり、漁業をやめる者も出たりして、町の雰囲気も沈滞してくる。賑わうのはパチンコ店と呑み屋ばかり、といった現象も生じる。

「魚を水揚げしないで、漁師が補償だけで食っていたら、加工や流通に携わる人たちはどうなるのか。日本一の水産の町・相馬はこのままではバラバラになってしまう。皆でやれることからやろうじゃないか」

底引き網漁船「宝精丸」(三二トン)の船長として、相馬で一番の水揚げを誇ってきた佐藤弘行さんが音頭を取る形で、相馬双葉漁協では二〇一二(平成二十四)年六月から魚種を限って漁獲し、安全性が確認された魚介類だけを出荷する試験操業を始めた。

当初は放射性物質が蓄積しにくいミズダコ、ヤナギダコ、シライトマキバイというタコと貝の三魚介類に限って、底引き網船六隻が福島原発の北方に位置する相馬市沖約五〇キロ、深さ一五〇メートルの海域で操業を行った。

この時水揚げした魚介は放射性セシウムなどが検出限界値以下であることを確認したうえで、消費地へも出荷し、イオンなどの大手スーパーでも漁獲水域と安全性データを明示する形で店頭に並べてもらった。

食品衛生法上のセシウム規制値（一キログラム当たり一〇〇ベクレル）より厳しい独自基準（同五〇ベクレル）をクリアしての出荷だった。

福島の農水産物に対する風評被害には依然厳しいものがあるが、試験操業は第一原発の半径二〇キロ圏内を除く海域で、その後回数を増やし、漁獲対象魚種も二〇一六年一月までの三年半にマガレイ、マダイ、キチジ、アカムツ、スケトウダラなど高級魚も含め七二種類にまで拡大させている。

この中にはキタムラサキウニも入っており、いわきの名物「ウニの貝焼き」に加工され、浜を活気づけた。

二〇一三年六月から相馬双葉漁協の組合長を務める佐藤弘行さんは一九五五（昭和三十）年、地元生まれ。岩手県宮古市の海員学校を卒業してから十七歳で漁師になり、父の後を継ぎ二十四歳から底引き網漁船「宝精丸」の船長になった。

魚を多く獲るコツについて「何よりも研究心が大事で、漁具を工夫したり、海底の地形を細かく頭に記憶したりする。海に対する恐怖心も大事だが、シケになればなるほど魚の値段は高くなるので自分の船の性能と海の荒れ具合を見て漁を続ける度胸も大事」と話す。

震災の当日、佐藤さんは漁から戻り、自宅で妻のけい子さんとくつろいでいた時、突然激しい揺れに襲われた。沖の様子が気になり、海岸へ出かけたところ、高波が襲来し、近くの民宿の三階に逃れ、無事だった。

ところが、自宅は波に飲み込まれ、翌朝けい子さんは家の下敷きになって冷たくなっているところを見つかった。傷一つなくきれいな顔で、眠っているようだったという。まだ五十一歳という将来のある年齢だった。

「漁船員の世話から経理の仕事まですべてが女房任せでした。誰からも慕われた、そんな自慢のカミさんを助けることができなかったことを思うと、しばらく立ち直れなかった」と佐藤さんは傷心の日々を振り返る。

自身も四十九歳の時、胃がんの手術をして、一時期は船の天井から点滴の器具をぶらさげながら沖へ出るような情熱的な漁師だっただけに、「ここで弱音を吐いたら妻に笑われる」と思い直し、浜の再興に立ち上がった。

震災後は沖へ船を出しても、週に三回がれきを回収し、放射性物質の調査に使う魚を水揚げするだけで、その日当を東京電力から受け取るのが仕事だった。

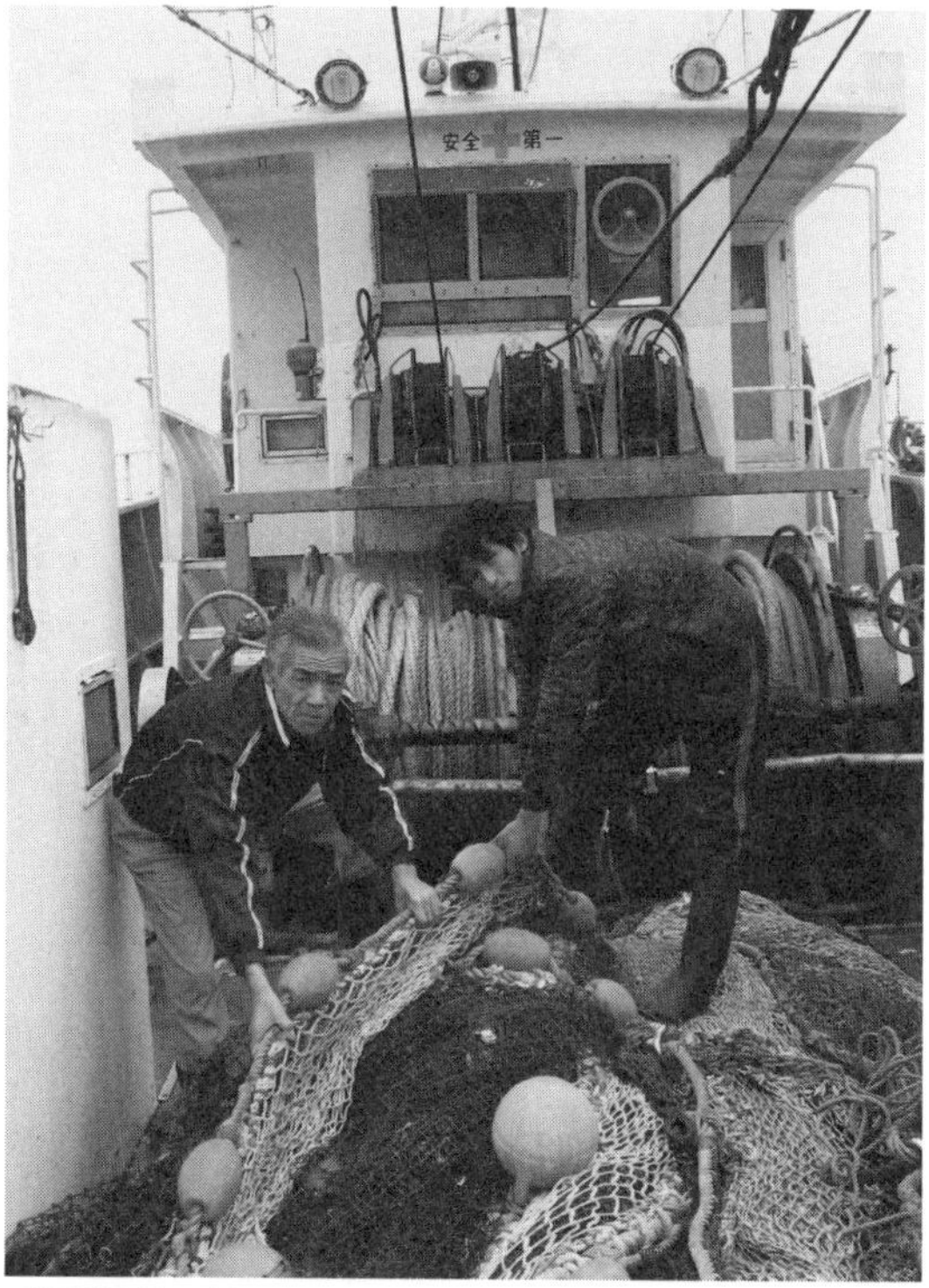

試験操業で使う網の手入れをする佐藤弘行さん（父）、泰弘さん（松川浦漁港）

「網を引くと震災前の何倍もの魚が入ってくる。魚を獲ってないから魚が増えているのは当然だが、これを海へ逃がすのは本当にやるせない気分だった。魚を水揚げしないで、補償金だけに頼る生活をしていたら漁師は人間として駄目になると思った」

佐藤さんの話は、日本が公害列島と呼ばれた一九七〇年代前半の瀬戸内海での光景を彷彿させる。

当時の山口県岩国市では汚染源の紡績工場が海で獲れた魚はすべて買い取ることを決め、明け方になると漁港へトラックを回し、漁船から魚を受け取り、タンクへ魚を捨てて漁業者へ金が支払われていた。

そうした現状に「何のための人生か、情けなくて涙が出る」と漁民はテレビで訴えていたが、それから四〇年後の福島の現状も同じである。

最愛の女房を失いながらも、相馬の漁業復興の先頭に立つ佐藤さんにとって何よりもうれしかったのは、消防士だった一人息子の泰弘さんが「オヤジ、手伝うよ」と言って船に乗るようになったことだ。

泰弘さんは一九九〇年生まれ。高校時代野球で活躍したスポーツ青年だったが、初めはひどい船酔いの連続に音を上げた。それでも半年もたてば五メートルくらいの高波にも耐えられるようになった。

父子で四〇回くらい沖へ出てから、父は組合長の仕事に専念するため丘へ上がったが、息子は今では叔父らと一緒に沖へ出る。

そうした相馬双葉漁協の漁業者の姿勢に刺激されて、いわき市漁協所属の「第二十三常正丸」漁労長の矢吹正美さんたちが試験操業を始めたのは二〇一三（平成二十五）年十月のことだった。

元をただせば、矢吹さんが北洋漁業から地元福島の近海・沿岸漁業に転身した時、いろいろ教わったのが佐藤さんの父弘さんだった。海の男たちは横の連帯を大事にしていて、友情に篤いのである。

台風一過の秋晴れに恵まれた小名浜港は、震災から二年七か月ぶりの賑わいを見せていた。

未明に県南部の久ノ浜など四漁港から出漁した一三隻の船が、水深一五〇メートルの沖合へ出て底引き網で漁獲した毛ガニやミズダコ、メヒカリなど七魚種計一三〇〇キロを水揚げした。

相馬双葉漁協と同様の厳格なサンプル検査をした結果、放射性物質は不検出で、地元の卸売市場へ出荷され、震災前より高値で取引された。地元の名産であるメヒカリは空揚げにして家庭の食卓で喜ばれ、久々に出回った地の魚の味をいわきの人々は堪能していた。

「安全な魚だけを出荷するので福島を応援してほしい。我々にとっていわき再生への一歩と考えることができれば」

日ごろは口が重い矢吹さんがこう言って、照れ笑いの表情を見せた。

◉金看板に誇り

東日本大震災に伴う東京電力福島第一原発の事故は、一九八六（昭和六十一）年のチェルノブイリ事故と並ぶ史上最悪の原子力事故として世界中の人々の記憶に刻まれた。

安倍晋三首相は二〇一三（平成二十五）年九月にブエノスアイレスで開かれた東京五輪を誘致するための国際オリンピック委員会総会で、汚染水漏れについて「状況はコントロールできている」と海外向けに安全をアピールしたが、その後も原発の地下貯水槽からの汚染水漏れなど制御不能のトラブルは続いていく。

そのたびに福島の漁業者は「苦渋の決断」と表明しながらも、東電の事故対策に協力してきている。

原発事故は、国内では東北の水産物に対する買い控え現象を生じさせたほか、韓国が東北の水産物の輸入を一時全面禁止するなど内外に風評被害を広げた。消費者庁が二〇一四年二月に消費者に対して行った調査で福島県産品を買い控えるとの声は前年の一九・四パーセントから一五・三パーセントへ減ったものの、依然、放射能汚染を心配する声は強い。

こうした社会の動きについて国は本格的な対策に取り組むべきだが、官庁の職員食堂で被災県の農水産物を食材として使ったり、厚生労働省や水産庁が都道府県が実施する水産物の放射線物質調査結果についてホームページに掲載する程度で、なかなか重い腰を上げようとはしない。

福島原発事故で「官邸助言チーム」事務局長を務めた前衆院議員の空本誠喜さんは『汚染水との闘い』（ちくま新書）の中で、「正確な水産物情報を、国が率先して、国民に広く周知徹底する必要がある」として、次のような提案をしていた。

「特に、風評被害対策として、首都圏のみならず、東北地方から比較的に疎遠な西日本に対しても広報強化する必要がある。例えば、東北地方で実施されている水産物検査を他の地域でも実施し、検査結果に差異や遜色がないことを広報するなど、工夫した広報が必要である」

こうした指摘に対して水産庁の担当者は「放射線物質の検査結果などについて要求があればどこへでも説明にうかがうが、ヘタに動くと寝た子を起こす結果になる」と及び腰でいるのが現状だ。

福島県の漁業者が試験操業を始めて二年三か月が経過した二〇一四年九月、東京・有楽町の国際フォーラムで県主催の「これまでの総括と今後の展望」と題するシンポジウムが開かれた。

この場では福島県水産試験場から常磐沖と福島沿岸の魚介類の汚染状況についてモニタリング検査の結果が報告された。沖合では放射性セシウムの濃度は事故前のレベルに回復してきていて、イカ・タコやエビ・カニ、メヒカリ、カツオなどの濃度は検出限界値以下になっている。

これに対して沿岸ではヒラメやスズキ、アイナメなどの限られた海域に生息する魚は濃度が高いものの、長期的に見れば低下傾向にあり、魚介類の汚染については「着実に収束に向かっている」という結論だった。

このシンポジウムには相馬双葉漁協の佐藤弘行組合長も出席し、「私たちは試験操業の結果を積み上げ、安全と胸を張って言える魚に限って流通に乗せている。漁師にできることはこれくらいしかないのです。浜に震災前のにぎわいを取り戻したいので、消費者の皆さんは理解してほしい」と訴えた。

「安全な魚だけを届けるというのは常磐もののブランドを扱ってきたわれわれのプライドでもある」と発言したのはいわき市漁協の矢吹正一組合長で、「試験操業の向こうに大きな明かりが見えている。福島の漁業の金看板をさびつかせることなく、後継者へ引き継いでいくことができれば」と話した。

二〇一二（平成二十四）年六月に始まった福島の試験操業は、この年が約一二一トン、翌一三年約四〇六トン、一四年約七四二トンと着実に増えたが、震災前の福島の水揚げは二五万トンあったから、これはまだ全体の三パーセントという割合である。

当初は地元市場のみの出荷だったが、その後東京や宮城など一五都府県の消費地市場へ送り出され、他県産とだいたい同等の価格で取引されていったという。

それでも依然厳しいのは風評被害の問題で、時に市場で他県産と競合した際には福島産の魚介類は安く買いたたかれることもある。築地市場で荷受会社として長年福島産の魚介類を扱ってきた東都水産鮮魚部副部長の石原隆之さんは「いろいろあっても、鮮度抜群の常磐ものを毎日築地へ届けることが大事だ」と強調する。

四〇年近くこの仕事をしている石原さんによると、福島の魚は品質がいいので震災前はトップクラスの値段がつき、料亭でよく扱われたという。

「ところが試験操業で獲る魚は量が少ないため、地元で消費されてしまい、築地まで届くのはタコやメバルなどわずかな魚種が少しだけ。これでは相場が成り立たない。放射性物質の検査証が付けば築地の業者は福島の魚を問題に思う者などいない。それがプロの世界というもので、消費者も『安くて、旨くて、安全が一番いい』という感覚だから、福島産の魚を毎日築地へ送ってくればいい。時間はかかるにしてもそのうち客もつくようになり、風評を打ち破るこ

いる。

石原さんはこう言って「試験操業を積み重ねて自信が持てたら、全面操業へ移行して魚をたくさん獲って、消費地へ送り続ける努力をしてほしい」と福島県漁業者へメッセージを送っている。

震災から五年がたち、福島の漁業をめぐっては新しい動きもいろいろと出ている。

福島県いわき市の釣り人らが東京電力福島第一原発周辺の海で、魚への放射能の影響について独自の海洋調査を続けている。国や東電に頼らず、自分たちが納得できるデータを集めるのが目的。「海が少しずつ回復している状態を知ってもらえれば」と説明する。

二〇一三年秋から毎月一回活動している「いわき海洋調べ隊『うみラボ』」で、久之浜漁港から釣り船を出して、原発から一・五キロ沖で調査を行う。海水や海底の泥を採取しながら、沖に向かって釣りを始め、ヒラメやアイナメなどを持ち帰る。

それを地元の水族館「アクアマリンふくしま」で来館者の前で放射能濃度を測定する。同時に試験操業で水揚げされたマダラのフライやワタリガニのクリームパスタなどを食べてもらう。

「私たちはいつも食べているけど、おいしいですよ、と勧める。一口食べてもらえば、本当だということになり、心の垣根は越える。福島の魚への印象も変わっていくのでは」と、水族

相馬双葉漁協で働く漁師には若者が多い（福島県・相馬市の松川浦漁港）

館職員で獣医師の富原聖一さんが語る。

アクアマリンふくしまについて補足すると、ふくしま海洋科学館の別称もあり、二〇〇〇年七月に開館した。「普通の水族館とは一線を画したい」と考える安倍義孝館長のアイデアが満載されている。

生き物と触れ合える体験ゾーンや巨大水槽の前で握り寿司を食べられるコーナーなどが人気という。

震災では約二〇万匹もの魚が死んだが、懸命の復旧作業と国内外の水族館からの展示生物の提供によって、四カ月後に奇跡の再開を果たした。

本格的な操業がされず、週一、二回の試験操業や環境測定の漁業が続く福島の海では、魚が増えていて、震災前の二・五倍になっているという県の推計値もある。

「震災前の福島の海で明らかに魚が減った原因

は乱獲だった。今までみたいに、ヨーイ、ドンで魚を取りたいだけ取るオリンピック方式では駄目だ。福島の海でも資源管理をして新しい漁業を模索していこう」と呼び掛けるのは、地元で四代続くベテラン漁師、一九六一年生まれの新妻竹彦さんだ。

周囲では「漁師は沖へ出てどれくらい魚を獲れるかが腕前の世界。まず世間並みの漁業ができるようになることが先決」といった反応が強いが、新妻さんより一五歳若い相馬双葉漁協理事で富熊地区代表を務める石井宏和さんも管理漁業を目指す考え方に共鳴している。

釣り船の船長をしていて、震災当日、家族の無事を確認した後に船を津波から守るため沖へ逃がした。船は無事だったが、祖父は亡くなり、一歳六か月の長女は行方不明のままだ。自分を責め、海の仕事をやめようかとまで悩んだが、大きな犠牲を払ってまで守った船は捨てられないとして、福島の漁業復興に貢献したいと考えるようになったと言う。

石井さんは福島の漁協組合長の中では唯一の若手で、東京電力との交渉の場でも、東電側の不誠実な姿勢を大きな声で追及している。

福島県楢葉町の沖合に風力発電の施設が建設中だが、石井さんは「この周辺に魚礁を沈めて、回遊魚を集めたらどうか。資源管理をうまくやってブランド化し、東京五輪の選手村で食材として使ってもらえたら」と四年後に期待を寄せる。

こうした現場の生の声に対して専門家は福島の水産業をどうみるのか――。

二〇一五年十一月末、東京・六本木の日本学術会議で、全国の水産研究者や小売関係者らがシンポジウムを開き、さまざまな意見を交わした。

「今回の原発事故による魚介類の放射能汚染は、食品の基準値を指標とすれば、ほぼ終息したといえる」と報告したのは福島県水産試験場漁場環境部長の藤田恒雄さんで、事故発生から四年半が経過した時点で放射性セシウム濃度が国の安全基準（一キロ当たり一〇〇ベクレル）を超える魚はほぼ見られなくなり、二〇一五年四月以降はゼロとなっているという。

藤田さんは「魚の中でも世代交代が起きているし、海水とエサがきれいになったのだから、魚もそうなるのは自然な話。今後は安全性の確保から安心の確保がポイントになる。問題は風評被害で、消費者はメンタルな部分で反応するから、科学的根拠に基づいて安全性をPRしていくことが大事」と指摘した上で、本格操業再開へ道をつくっていくべきだ、と提言する。

藤田さんの海洋環境は大幅に改善されたという報告を受けて、水産総合研究センター東北区水産研究所の研究員柴田泰宙さんは「事実上の禁漁が続いた福島の海では、震災後海洋保護区と同じ状態が続いている」として、独自の試算で常磐沖の新たな漁業モデルを提示した。

それは、福島を代表するヒラメを例にとると、震災前に比べて四・五倍の漁獲量に増え、大型魚の割合が震災前の一二パーセントから三七パーセントに増加しているのだという。そこで、漁獲量を半分程度にして、水揚げするサイズを大きくすることにより、資源量を維持して漁獲金額のアップを目指せば、復興の速度を速めることができるとしている。

底魚のヒラメは現在、まだ試験操業の対象となっていないが、二〇一六年秋以降にその対象に加えるべく、地元の漁師は話し合いを進めており、主力魚種の復活に大きな期待が寄せられている。

東京を中心に一都三県で一一三店舗を持つスーパー・「サミット」の鮮魚部マネジャー谷川満さんは「首都圏の生活者は茨城の水産物は何の抵抗もなく買っていく。茨城は福島と海ではつながっているのにですよ。そのことを消費者が気に止めないのは、テレビが天気予報を放映するとき、関東地方の番組では茨城県までしか映らないことも関係しているのかもしれない。安倍首相は試験操業で水揚げされた福島の魚を現地で食べているのだから、安全宣言さえしてくれれば、自分たちはいつでも福島の魚を扱います」と語る。

こうした福島の漁業の今後の在り方について、『漁業と震災』（みすず書房）の著書を持ち、福島県地域漁業復興協議会委員も務める東京海洋大の濱田武士准教授（漁業経済学）は次のように語る。

「福島の漁業者は一致団結したからこそ、東電や国との賠償交渉にも対峙できた。しかし、事故から五年がたち、漁業者の中にも再開意志のない者も出てきている。今までのような休業補償ではなくて、試験操業をする漁師に以前より売れない部分を補塡する営業補償に切り替える時期に来ているのではないか。今後も取った魚の放射能検査をして安全と判断したものを出荷するという作業を続け、消費者の信頼を地道に得ていくしか将来はないと思う」

水産小百科① 震災と漁業

二〇一一年三月に起きた東日本大震災の水産被害総額は東北沿岸の各県合わせて、一兆二六三七億円と空前の規模に達した。世界屈指の好漁場・三陸沖に面した東北の漁業立て直しなくして震災からの再生はありえないとして、国も大型予算を組んで復興策に力を入れた。

被災漁船の数は岩手、宮城、福島の三県で約二万九〇〇〇隻あったが、二〇一五年一月時点で約一万八〇〇〇隻まで復旧させた。破損した漁港は三県で三一九港あり、一五年度末には修復が完了する見込み。養殖漁業については再開希望者の施設を二〇一四年度末までに整備を完了し、ワカメやギンザケの生産も順調に回復している。

これらの結果、魚介類全体の水揚げ高も震災前年の八七パーセントまで回復。内訳は岩手が一八一・三億円（九四パーセント）、宮城五〇八・一億円（八六パーセント）、福島五・八億円（三三パーセント）。ところが、水産加工部門の復旧は遅く、水産庁が実施したアンケートで、売り上げが震災前の「八割以上に回復した」との回答は四〇パーセントにとどまった。施設は再建しても、人材の流出や円安によるコスト高、顧客離れなどの逆風に遭っているためだ。

一番の問題は震災と同時に発生した東京電力福島第一原発事故による影響で、福島では安全が確認された魚種に限って試験操業を続けるが、風評被害が収まらない。韓国は東北のすべての水産物の輸入規制を強化しているため、日本は「科学的根拠がない」として撤回を求めて世界貿易機関（WTO）に提訴している。

第二章

カキに賭ける人生

宮城

◉ルイ・ヴィトンの恩返し

東日本大震災が起きて東北の漁業はどうなるのか——。

三陸海岸の各地を漁業者の取材で歩いたが、宮城県気仙沼市唐桑町にカキ漁師の畠山重篤さんを訪ねたのは二〇一三（平成二十五）年四月のことだった。

気仙沼は宮城県の北部に位置し、世界三大漁場の一つである三陸沖に近いため、カツオの水揚げ日本一を誇るのをはじめあらゆる魚種が水揚げされる人口六万八〇〇〇人の水産の町だ。巨大な津波は市の中心部を洗い流して、がれきの山をつくり、「第十八共徳丸」という大型漁船を陸へ押し上げた。地震は魚市場など沿岸部を地盤沈下させたが、少しずつ復興が進んでいた。

東北新幹線の一関駅でJR大船渡線に乗り換えて大川という清流を望みながら東へ一時間半。気仙沼駅からさらに唐桑半島に向かってタクシーで三〇分ほど走ると、うっそうと茂った森が青い海に沈むリアス式地形の舞根湾に着く。畠山さんがカキを育てる水山養殖場はその畔にある。

畠山さんの漁船に乗って沖へ出ると、海面の下ではホンダワラなどの海藻が濃く茂り、メバルやイワシが泳いでいるのがよく見えた。

垂下式養殖棚のワイヤーを引き上げると、海藻がまとわりついたロープに大きなカキが鈴なりの状態でびっしりと付着している。

図3　宮城県

畠山さんはそのうちの一つ、一〇センチほどの大きさの殻のカキをナイフでこじ開け、クリーム色の身を取り出し口に含むや「ウマい。透明感があってコクもある。カキに代わる食べ物はないのだから、カキさえつくれば食いはぐれの心配はないのです」と言って、ひげ面をほころばせた。

「震災で津波が押し寄せたときは、三歳の幼い孫を抱いて裏山の坂を駆け上るので精一杯だった。海抜二五メートルの高台にある自宅の庭先まで海水が上がってきたのだから本当に驚きでした」

自慢のカキを口に含む畠山重篤さん（宮城県気仙沼市の舞根湾）（撮影：堀誠）

こう語る畠山さんの三男信さんは津波の襲来の前に船を脱出させるため、沖へ向かったが、高い波にのまれて船は流されてしまった。気仙沼湾を必死になって泳ぎながら大島へたどり着き、四日後に舞根へ帰り着くことができたという。

畠山さんにとって痛恨の極みは気仙沼市内の介護施設で暮らす九十三歳になる母親の小雪さんを助けることができなかったことだ。

敗戦時、上海生まれの畠山さんを背負って引き揚げ船で日本へ戻った母はカキの生育に人生を賭ける息子の最大の理解者だった。森と海のつながりを大学の研究者に専門の調査を依頼した時にはへそくりから多額の資金援助をしてくれたことも。畠山さんは「そんなオフクロを冷たい水に浸からせてしまったことは本当に心残りです」と話して、言葉を詰まらせた。

西舞根の集落では五二軒中四四軒の家が津波に流され、四人が帰らぬ人になったという。

「養殖いかだや船も加工場もすべてが波にのまれ、二億円に上る被害が出た。一時はもう立ち直れないと絶望的な気分になった。海辺からウニやヒトデ、フナムシなど生き物のすべてが消え、沈黙の海になってしまった。

レイチェル・カーソンの書いた『沈黙の春』を思い起こしたが、ひと月ほどして孫が『おじいちゃん、海に魚がたくさんいるよ』と教えてくれた。確かに、生き物が急に増えてきたのです」

唐桑半島にはカキ養殖の権威、東北大学の故今井丈夫教授らが昭和三十年代の初めにつくった「カキ研究所」もあったため、震災前から国内の各大学をはじめ海外の研究者たちが舞根湾へ生態調査に来ていた。

その一人で、魚の心理学というユニークな研究をしている京都大学フィールド研究所准教授の益田玲爾さんが海に潜って中の様子を畠山さんに伝えてくれた。

「キヌバリという小魚が海一面で泳いでいて、カキも皆生きている。植物プランクトンもいっぱいいて、酸素も十分にある。海は濁っているけれど、がれきを片付ければまたカキは養殖できますよ」と、励ましてくれたという。

震災後、全国各地からボランティアがやって来て、津波をかぶって枯れたスギやヒノキの木を切り、桟橋や養殖のいかだをつくって、カキ養殖を再開させた。未曾有の被害に遭ってわずか三か月後のことだった。

一九四三（昭和十八）年生まれの畠山重篤さんが、大きな津波を体験したのは今回が二度目という。

気仙沼水産高校二年の一九六〇年五月に地球の裏側で発生したチリ地震津波に遭ったが、「今回の津波はその時の十倍を超えるスケール。入り江の底が見えるほど波が引き、その後巨大な水の壁がドスン、と集落を呑みこんだ」と当時の様子を振り返る。

父親の司さんから津波が来た後のカキは成長が早いという言葉を聞いていたという畠山さんは次のように続けた。

「海底がかきまわされ、栄養塩が海全体に行き渡るからだろうか。震災三か月後の六月に宮城県石巻市の万石浦に残っていたカキの種苗を養殖いかだにつるしたところ、二年を待たずに一年半で収穫できるほど大きくなった。

ホタテもよく育ち、その重さでいかだが沈みそうになったほど。海の中はホンダワラが増えて海底はコンブやアラメもあって、まるでジャングルのように見える。森がしっかりと保全されていれば海の再生も早いということを改めて痛感しました。これだけの被害を受けても、海を恨むとか、怖いと思う漁民はいないのではないかと思う」

そう話す畠山さんが仲間と気仙沼湾に注ぐ大川の源にあたる室根山にブナやナラなどの落葉広葉樹を植えたのは一九八九年九月のことだった。山に大漁旗が何百枚もはためく光景としてテレビで報道された場面を覚えている人もいるだろう。

畠山重篤さんが父親からカキ養殖の仕事を引き継いだ半世紀前の気仙沼湾は、それはきれいで豊かな海だった。海中にはメバルやスズキ、ウナギなどが群れをなして泳いでいたという。

その海が一九六四（昭和三十九）年開催の東京オリンピックのころから工場や家庭から出る雑排水で汚れ始めた。特に気仙沼港の周辺では缶詰や冷凍品、フカヒレなど多くの水産加工品がつくられていたが、当時は排水規制が緩く、汚水は垂れ流しだったため内海の汚濁に拍車をかけた。

一九七〇年代に入ると赤潮が頻繁に発生し、カキの育ちが悪くなり、死滅する事態に。築地市場へ出荷したカキの中身が血の色をしていたという理由で受け取りを拒否されたことも。当時気仙沼湾ではノリの養殖も行われていたので、雨が降ると養殖の網からノリが腐って抜け落ちる現象も出ていたという。

カキはあの小さな体で一日に二〇〇リットルもの水を飲み、その中の植物プランクトンを摂取して育つので、水の影響をストレートに受ける生き物だ。

カキ養殖に見切りをつけ、陸の仕事に転職する同業者が出て浜が活気を失う中でもう一度青い海を取り戻そうと畠山さんたちが考えたのが「森は海の恋人」運動だった。

きっかけとなったわけは、それより五年前に畠山さんがフランスのブルターニュ地方へカキの養殖事情を視察に行き、ロワール川の河口で見事に育ったカキを見たからだった。潮だまりにはカニやエビなどの小動物が多く、自身が子供のころ見た唐桑の海と同じだった。

川の上流に足を運んでみると、よく手入れされた広葉樹の森林地帯が広がっているではないか。その光景を見て、森から川を通じて流れた栄養分が海を豊かにしていることに確信を得たのだという。

室根山は気仙沼湾から見ると真正面に見え、標高八九五メートル。地元の漁師にとって海上からの目印に当たり、山頂にある室根神社の秋祭りの時には気仙沼湾の海水を奉納してきた。

そうした森と海が結びつく山に畠山さんたちは毎年六月に、保水力があって良質の腐葉土が作れる落葉広葉樹の植林を続けてきた。震災の年二〇一一年にはあれだけの被害を受けたにもかかわらず、驚くことに過去最高の一二〇〇人が参加し、ブナなど一〇〇〇本の若木を植えたという。

「津波で大漁旗はすべて流されてしまったが、こうした時にこそ海と山の関係を見詰め直さなければと皆で思ったのです」と畠山さんは振り返る。

その震災後に「宮城のカキを救え」とフランスのカキ生産者や料理人から支援の動きが出てきた。一九六〇年代にフランスでウイルス性の病気が流行り、カキが全滅状態になった時、窮地を救ったのが石巻市の内湾・万石浦で育てられた種ガキだったのである。

宮城のカキ養殖の歴史は今から三〇〇年以上前の江戸の延宝年間に始まった。万石浦のカキは干潮になれば太陽に当たり、満潮の時だけ海中のエサを採ることができる過酷な条件の下で鍛えられ、長時間の輸送にも耐えられる丈夫なカキに成長してきた。

そのカキがフランスへ輸出され、本場のカキは見事に復活した。

「今度は半世紀前の恩返しをしたい」として、フランス料理界を代表するアラン・デュカスさんがパリでパーティーを開き、これにファッションブランドのルイ・ヴィトン社も賛同し、東北への復興カンパを集めた。

同社は森林保全活動に力を入れているので、畠山さんの「森は海の恋人」の世界にも理解を示して、三年間に限って復興資金を自由に使わせてくれたという。

朝日新聞の二〇一二年十一月十五日付夕刊によると、気仙沼を初めて訪れたルイ・ヴィトンのイヴ・カルセル本社会長は「地域の伝統を大事に、物や金だけではない、形のない物を次世代に継承していこうとする活動は、私たちのブランド姿勢に通じる。今後も各地で、未来を見て進んでいくようなさまざまな支援を続けたい」と話したという。

◉温暖化救うフルボ酸鉄

NPO法人「森は海の恋人」の理事長を務める畠山重篤さんは長年の森林保全活動が国連に評価されて、二〇一一（平成二十三）年の国際森林年を記念して創設した「フォレストヒーローズ（森の英雄たち）」の第一回受賞者に選ばれた。

アジア、アフリカ、欧州、中南米、北米の世界五地域から推薦された九〇人のうち、ヒーローに選ばれた六人の一人で、翌年二月のニューヨークでの授賞式に出席した畠山さんは日本から英文で書かれた『森は海の恋人』の出版物をたくさん持参し、会場で配り話題になった。

「仲間と一緒にいただいた森林保全のためのノーベル賞のようなものと受け止めた。国連が山のヒーローに海の漁師を選んだことの意味は大きいと思う。森を考える時には海を視野に入れよ、海を考える時には森を考えよ、というメッセージと理解しました。

日本では皇室が出席する全国植樹祭と豊かな海づくり大会が別々に開かれているが、こうした大きな行事は将来は一つにしたほうがいいのではないかと思う」と受賞後の感想を話していた。

世界の檜舞台に躍り出た漁師・畠山重篤さんの森林保全への問題意識はどうやって育まれてきたのか――。

かつて室根山のふもとの源流から気仙沼湾までの二五キロを流れる大川の流域で、河口から八キロの地点に新月ダムという多目的ダムの建設が計画されたことがある。

ウミネコが海から飛来する場所で、一九七三（昭和四十八）年に計画が公表されて以来、地元の農民の間では「先祖伝来の土地を奪われる」として反対の声が上がっていた。

畠山さんも「ダムによって川がせき止められると、カキに必要な山の栄養分が海に運ばれず、気仙沼湾の環境は大きく変わる」と感じながらも、それを裏付ける理論的根拠は持ち合わせていなかった。

室根山で第一回の植林をした年の前年、一九八八年に全国から注目されていた長良川の河口堰建設が決定した。河口堰という名のダムができればサツキマスやアユが伊勢湾から遡上しなくなることを問題視する声が漁民や市民団体の間で高まったが、建設省側の魚道設置などを理由に反対運動は押し切られた。

「巨大な河川である長良川が伊勢湾全体の生物生産へ与える影響について漁民側がデータを持っていなかったことが痛かった。そしていくら反対しても見舞金を出されれば、同意せざるを得ないという現実を見せつけられた」

こう感じた畠山さんが、自分たちの「森は海の恋人」運動に科学面でサポートしてくれる北海道大学水産学部の松永勝彦教授と出会ったのは一九八九年の初夏だった。

NHKが北海道の日本海側の海底で海藻がなくなる磯焼け現象について特集番組で取り上げていて、その原因は森林の荒廃によるとコメントしていたのが松永教授だったのである。

「海藻やプランクトンの生育には鉄分が欠かせないが、北海道の日本海側沿岸の海水中の鉄分濃度は極端に低い。森林が保全された河川の水が流れ込んでいる海では磯焼けも少なく、海藻も生えている。川の源は森林で、そこから流れ出す鉄分が海の生物に深くかかわっている」

北海道の日本海側では北原ミレイの「石狩挽歌」に歌われたようにかつてニシン漁が盛んだったが、乱獲と燃料に使うための森林伐採が進み、ニシンは姿を見せなくなってしまったという苦い歴史があった。

森は鉄の供給源――という松永教授の説明に目からウロコが落ちる思いをした畠山さんは、番組が終わるや友人と夜行列車に飛び乗って函館入りし、翌朝水産学部の研究室を訪ねた。「ずいぶんと急ですね」と驚く教授に気仙沼湾の環境を改善するため広葉樹の植林活動をしていることを伝えると、「森の役割についてよく気付かれた」とほめられ、その時以来、教授と親交が続くことになる。

松永研究室は気仙沼湾の水質調査にも来てくれ、湾内の栄養塩の約九〇パーセントは大川が供給していて、このうち鉄分の約七〇パーセントがフルボ酸鉄だったという研究内容をまとめ上げ、一九九三年に開かれた宮城県主催のシンポジウムで発表した。

畠山さんたち漁師は「森・川・海」が結びつくこのデータを基に農民と連携して新月ダムを最終的に建設中止へ追い込んでいく。公共工事の見直しという全国的な気運も追い風となった。


ところで、フルボ酸鉄とは耳慣れない言葉だが、植物プランクトンと鉄分の関係について少し触れておこう。カキがエサにする植物プランクトンのケイソウ類は栄養分となる窒素やリンを吸収するためには鉄分が必要で、光合成をする際にも鉄がないと葉緑素を十分につくることができない仕組みになっている。

森林の葉が地面に落ちて堆積し、腐葉土の中のバクテリアがこれを分解すると、フミン酸やフルボ酸という物質が生まれる。このフミン酸が土の中にある鉄粒子を溶かして鉄イオンにし、フルボ酸と結合するとフルボ酸鉄という化学的に安定した物質が誕生する。

このフルボ酸鉄は河川を通して海へ運ばれ、植物プランクトンに取り込まれるので、フルボ酸鉄が多ければ多いほどプランクトンも増える。カキは海水中のプランクトンを食べて成長するので、カキの成長を左右するのはこのフルボ酸鉄というわけだ。

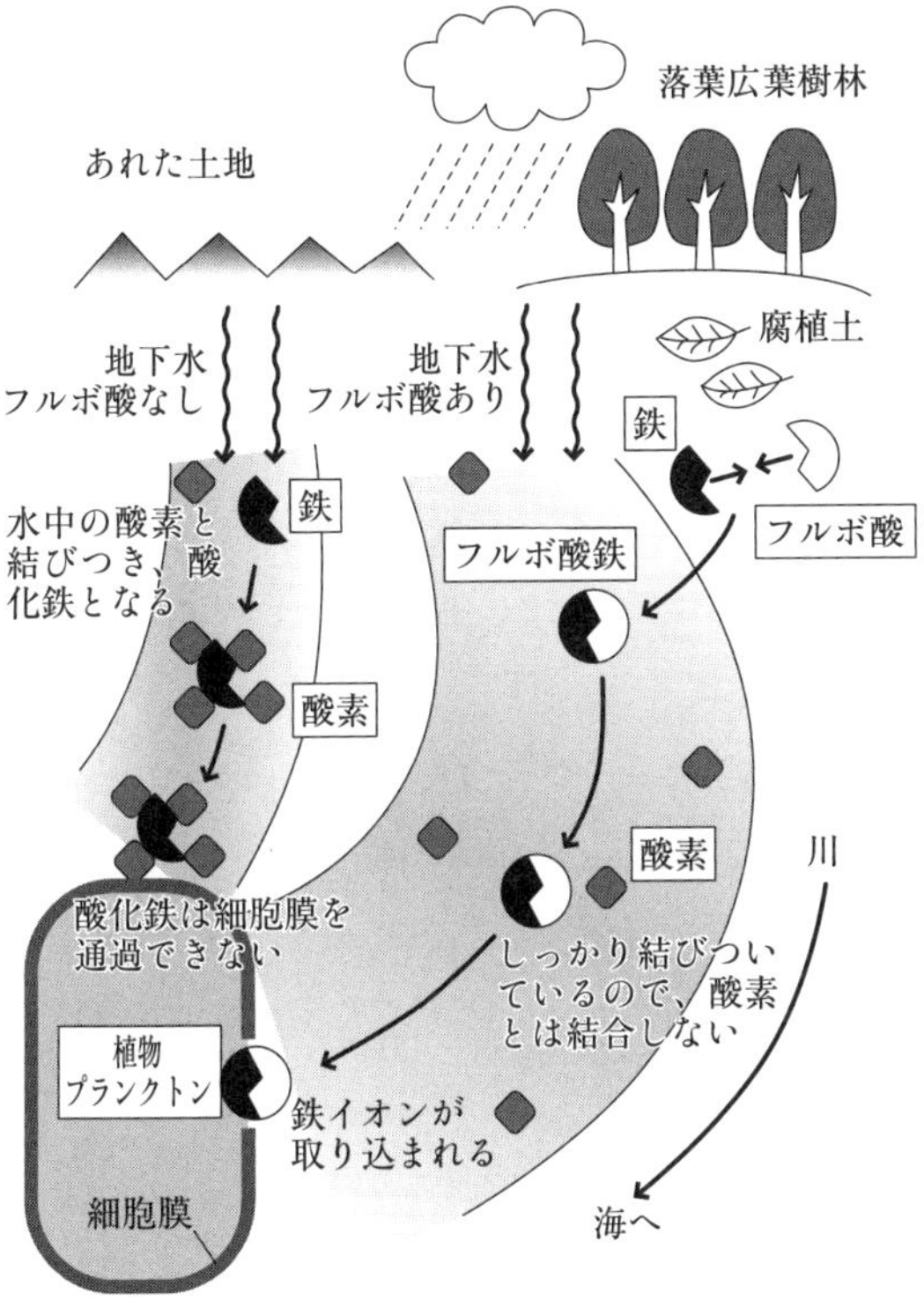

図　フルボ酸鉄の働き

出典：畠山重篤『鉄で海がよみがえる』文春文庫

「三陸沖が世界三大漁場の一つと呼ばれるのは寒流と暖流が交わるから魚が集まると説明されるが、そんな単純なことではない。このフルボ酸鉄が多くあるから、植物プランクトンも豊富にあって魚がたくさん集まるのです」と畠山さんは説明する。

そのフルボ酸鉄はどこから流れ込むのか。もちろん、東北の三陸側の山々から河川を通じて流入するが、近年北海道大学低温科学研究所の白岩孝行准教授の研究で意外な事実が明らかになってきた。

中国とロシアの国境にある森林でできたフルボ酸鉄がアムール川を通して河口へ流れてオホーツク海へ運ばれ、それが海流に乗り三陸沖に達していることが判明したのである。

「世界三大漁場の秘密は何と中ロ国境にあった。日本の漁師の生活を守るためには、アムール川流域の森林環境をどう保全するかという新しい課題も浮上してきたのです」

こう語る畠山さんは二〇〇四年から京都大学に招かれてフィールド科学教育研究センターの社会連携教授として森里海連関学という新しい学問を教えている。

「フルボ酸鉄は海藻を増やすから地球温暖化を防ぐための切り札になるのです。と同時にフルボ酸には生命体に必要なものを体に運び、不要なものを排出する作用もある。放射能も無毒化する働きがあるという専門家もいるほどで、すべての根源は山に木を植えること。『森鉄海』の結びつきについて多くの人に知ってほしい」

日ごろは三人の息子たちと海に出て忙しい畠山さんだが、時間を見つけては教壇に立ったり、講演をするために全国を飛び回ったりの日々を送っている。

震災から三年後の二〇一四年四月に、舞根湾の近くに日本財団の助成を受けて「舞根森里海研究所」が完成した。

津波で流されたカキ研究所に替わる施設で、総面積は約五〇〇平方メートル。一階にはカキの採苗施設、二階には研究スペースを備えた畠山重篤さんたちの活動拠点で、畠山さんの三男信さんは「付加価値の高い新たなカキの養殖や、カキの人工養殖方法の発展につながるような気仙沼に役立つ研究をしたい」と抱負を語っている。

◉フェイスブックで顧客つかむ

森に木を植える運動は、九州など各地にも少しずつ広がっているが、同じ震災被災地の宮城県石巻市に「自分は都会から故郷に戻って間もないが、将来山に木を植える際にはカキの殻を粉にして土壌にまいてみたい。カルシウムを多く含んでいて、豊かな森が育つと思うから」とユニークな夢を語るUターン漁師がいる。

沿岸捕鯨の基地、鮎川がある牡鹿半島。その南側の牧浜という集落でカキの養殖をする阿部貴俊さんで、一九六九(昭和四十四)年に地元のカキ漁師の家に生まれ育った。

人生のすべてがカキとの付き合いだったという。夕食の食卓に上るカレーライスの具は豚や牛などの肉類ではなくて、カキだった。

それほど身近なカキではあるが、冬の未明に起きてカキを採って夕方までひたすら殻をむく作業は辛い。それでありながら、仲買人にむき身のカキを一個一〇円程度で買いたたかれる厳しい現実もあった。

父親は息子に漁師の跡を継がせる考えはなく、阿部さん本人も「そんなものだろう」と思って高校から仙台へ出て大学に入った。卒業後は大手の半導体メーカーに入り、マレーシアやシンガポールの海外駐在を経て営業の管理職に抜擢されるまでになった。

そして起きた二〇一一年の東日本大震災。牧浜へ戻ると、津波に流された故郷はがれきの山で、港の岸壁もカキ処理場も水没していた。七十代の両親も疲れ切っていた。

それから一年たっても復興の掛け声むなしく、小さな浜では何も変わらない現状に「自分が動かなければこの浜は消滅する」と感じ、退社の決意を固めた。

優秀な営業マンを失いたくない上司は「財力もない君が故郷へ帰っても何もできるはずがないじゃないか」と退社を思いとどまらせようと説得したが、最終的に阿部さんの故郷を思う熱意が伝わり辞表を受けとってもらったという。

阿部さんが妻と二人の子供を神奈川県の自宅に置いて、単身牧浜へ帰ったのは二〇一二年秋のことだった。

「この時自分が考えたのは殻付きのカキを出荷して、むき身のカキ出荷一辺倒の漁協の体制に風穴を開けたいということだった。都会で殻付きのカキはオイスターバーでは一個四、五〇〇円で客に出すが、むき身のカキでは価値が生まれないのだから当然でしょう。

あと一〇年たったらこの浜はどうなるか。年老いた漁師が作業量を減らしながら安定した収入を得るために、発想を変えていかなければ生き延びることはできないと思ったのです」

漁協ではそれまで殻付きのカキは扱ってもらえなかったので、北海道へ送り、北海道産の殻付きカキとして売ってもらい、生計費の足しにしたこともあったと言う。

一般にカキは十月から翌年三月末までの冬の食材のイメージが強いが、実は春以降の五、六月にかけてが一番おいしくなり、産卵が始まる前の七月まで楽しめる。東北の遅い雪解け水が豊富な栄養分を海に運び込み、これをエサにカキは成長するからだ。

そこで、阿部さんが目を付けたのはこの時期の身がプリプリして甘みも増した一〇センチほどの大きさの完熟カキを殻付きのまま都会のレストランなどへ送り、販売することだった。

営業については時代の先端を行くIC企業で鍛えてきたからお手のもので、フェイスブックを使い、カキの成長具合や漁場の日々の様子などを伝え、阿部さんのカキのファンを増やしていった。

この時、世話になったのがNPO法人東北開墾代表の高橋博之さんで、毎月出す「東北食べる通信」で紹介してもらったのも大きかったと言う。阿部さんを特集記事で取り上げた二〇一三年七月号では完熟カキの現物を付録に付けて好評だった。

高橋さんは一九七四（昭和四十九）年、岩手県花巻市生まれ。県議を二期務め、震災後の知事選に出馬したこともある。農山漁村に希望の種をまくべきだと訴えて一六万票余りを獲得したが、四四万票近くを取った達増拓也知事の現職の壁は厚かった。

「一次産業に携わる人々の右腕になりたい」と語る「東北食べる通信」編集長の高橋博之さん

三陸の被災地の現実を見て、「若い漁師がリスクを引き受けながら前へ進もうとしている。生産に関わったことがない自分が情けなくなり、漁師と消費者をつなぐ手伝いをしたい」と考え、東北開墾を立ち上げたのだった。

二〇一三年のゴールデンウイーク。東京・日比谷公園のテント前には長い列ができて、完熟ガキが飛ぶように売れたという。

「フェイスブックを見た都会の人たちは自分の住む牧浜まで来てくれて、カキを育てる喜びや苦労を知ってくれた。こうした生産者と消費者のつながりを大事にしていけば、頑張ることができる。牧浜の完熟カキをいつかは本場ニューヨークのオイスターバーに持っていく。それが自分の今の夢です」

カキ養殖の常識を覆した脱サラＩＴ漁師の挑戦が、疲弊した浜を再び生まれ変わらせようとしている。

「漁業者は良いものを消費地へ届けようとしているが、今の市場流通の仕組みでは買いたたかれることが多い。石巻のカキ漁師阿部貴俊さんにはこんなドラマがありますよ、と生産者情報を伝えることにより一個三〇円のカキが一〇〇円になることも可能に。水産業を復興させるためには消費者側の意識を改革していくことも必要なのです」

こう語る東北開墾代表の高橋博之さんが「東北食べる通信」の二〇一四（平成二十六）年二月号で取り上げたのが宮城県東松島市の相澤太さんが育てる「一番海苔」だった。

石巻市に近い東松島の大曲浜で養殖されるノリは塩竈神社の品評会で優勝、準優勝を数多く受賞し、皇室への献上ノリとして定評がある。

祖父の代から続く海苔漁師の家に一九八〇（昭和五十五）年に生まれた相澤さんは高校卒業後に九州の有明海へ海苔栽培の修行に出かけたり、努力を重ねて二十八歳の最年少で、神社の品評会で優勝した実績を持つ。

「口に入れた時にほのかに塩味を感じる。そして海苔の旨味成分がじわっと広がる、そんな海をイメージできるような海苔をつくりたい。子供に海苔を与えると、いつまでも食べ続けて飽きが来ない、海苔です。中でも年明け一番に摘んだものが最もおいしい」

そうした海苔を育ててきた相澤さんだったが、東日本大震災で押し寄せた津波で大曲浜は松原ごと流され、五五〇戸、一五〇〇人のうち三〇〇人が犠牲になった。

海から潮騒の聞こえる浜辺に住んでいた相澤さんも家族と逃げるのが精一杯で、自宅も海苔工場、船のすべてを失った。

今後、どうやって生活を再建するか――。津波の襲来から一週間後にネットカフェで情報を集め、まずワカメの養殖を手がけることにした。

がれき処理の仕事もやり生活を軌道に乗せるうち、共同事業には国から補助金が出ることになり、二〇一二年十月には仲間と再び海苔の養殖をスタートさせた。

相澤さんたちは松島湾と石巻湾の外洋で海苔を育てているが、次のような手順になる。

毎年海水温が下がる九月に、東松島の大きな水槽を使って海苔網にタネを付ける。これを十月から翌年一月にかけて波穏やかで栄養分が豊富な松島湾へ移動し、海苔の芽を育てる。

そして、再び東松島へ戻し、石巻湾の浮き流し漁場で生長させる。十一月から翌年にかけて二〇センチほどに大きくなった海苔を収穫し、これをミンチ状に細かく切って洗い、機械で脱水、乾燥を行う。

「祖父の代は魚を獲りながら、川の河口で天然の海苔を摘み取って祖母が行商をしていた。オヤジは海苔の養殖を始め、見た目と量の生産にこだわった。

自分は品質を重視して、浜の将来につなげていきたい。国内の業務用ノリでは一〇年前につくられた古いものでも出回る今の時代に、チャンスはいろいろあると思う」

震災後、漁業の復興には生産者自らが販売まで担う六次産業化が必須と水産庁などが唱える点について、相澤さんは次のように語る。

「自分もかつては仙台のデパートなどに飛び込みで海苔を買ってくださいと営業をしてきたが、うまくはいかなかった。それより大事なことは自分が納得のいく海苔をつくり、その海苔が育つ海の環境を守っていくことが必要だと思う。

六次化まではとても手が回らないので、それこそ自分ら生産者を消費地へとつなげてくれる高橋さんたちと組んでお客を増やしていければ、と考えている」

◉論議呼ぶ水産特区

東日本大震災から半年がすぎた二〇一一年九月、宮城県石巻市の牡鹿半島の付け根にある桃浦という小さな漁村を訪れた。

JR石巻駅から車でコバルトラインを通って三〇分。大粒で味が濃いブランドカキの産地だが、養殖をなりわいとしてきた一九世帯は津波で家屋をすべて洗い流され、岸壁は半分沈み、漁港の防波堤も全壊していた。

「皆、年齢が六十歳を超えているし、今から大きな借金を抱えて海で生きていくのは無理だと思い、仮設住宅も造らず地元を離れたのです」

桃浦で四〇年間カキを育ててきた後藤建夫さんは石巻市の中心部に借りた家から車で浜へ通い、仲間と清掃やガレキの後片付けなどに汗を流す毎日を送っていた。

そんな作業をするうち、海中からホタテの貝殻を針金でつないでつくったカキ養殖の原盤が三千本も見つかり、八月に再び海に沈めたところ、カキの稚貝が付着していた。

「海は生きていたんだ、と皆大喜びでした。もう一度カキを育てることができないか。自分たちが立ち直るために民間から資金の提供や販売面で応援してもらえるのなら特区構想はありがたいと思った」

後藤さんの言う特区構想とは、震災で六九〇〇億円と空前の被害を出した宮城県の村井嘉浩知事が提起した水産業復興特区構想のことで、民間企業に漁業権を与える代わりに資本と知恵を提供してもらい、千年に一度の災禍から立ち直ろうという試みだ。

「地元の漁業者が少ない投資で事業を再開でき、若者も採用しやすくする後継者対策の狙いもあった」と宮城県農林水産部の幹部は特区構想の目的を語ったが、宮城県漁協（ＪＦみやぎ）が「企業が浜へ入ると漁業秩序が守られず、復興の役に立たない。漁民から競争心を奪い、サラリーマン化させる点も問題」と猛反発し、漁業者一万四〇〇〇人の反対署名を知事に提出したことから、その成り行きが全国の視線を集めた。

漁協が漁業権を失えば販売手数料などの収入が減り、経営の屋台骨が揺らぐことにもなりかねないので、西日本でのブリ養殖やホンマグロ養殖に取り組む企業が漁協の組合員になって漁協から漁業行使権を得ているようなケースは少なくないのである。

宮城県漁協が反対の狼煙を上げた背景には、一九九〇年代の南三陸で銀ザケ養殖に参入した大手水産会社が採算を取れず撤退し、浜に混乱が残った歴史があるからだった。

桃浦地区に続く道路には「水産特区反対」を呼びかけるのぼりがはためいた

この特区構想は事前に県漁協へ相談もなく、知事が上から現場へ押し付ける形となったため、「寝耳に水」の事態として受け止められたのである。

「被災して弱った漁業者が歯を食いしばって懸命に立ち直ろうとしている時に、規制緩和の開放論をぶつけてくるのはフェアなやり方ではないから反発が起きたのです」と指摘するのは、沿岸漁業の実情に詳しい東京大学社会科学研究所の加瀬和俊教授（水産経済学）で、次のように続ける。

「企業にも漁業権開放をという考え方には反対する。漁業は地方では数少ない産業で、海を使って生活している漁民とそうでない人の間で差を付けるのは当然のこと。地先の海の管理はそこに住む漁業者がするというのが漁業法の考え方で、企業が地域社会や近隣漁場との協調を無視して漁場利用をした場合、利益が上がらなければ海を切り売りしていくのは自明の理だからです」

漁業への民間参入については現場を活性化するためには認めるとしても、赤字が出ても安易に退出しないことを制度的に担保する仕組みをつくるべきだとの考えもある。

桃浦地区の漁民はこの水産特区構想に諸手を挙げて賛成したが、後に続こうとする地区の漁民については県漁協が思いとどまるよう説得にかかり、特区が適用されたのは最終的に桃浦一か所だけとなる。

資本提供の手を差し伸べたのは、東京の大手水産会社ではなく仙台市に本社を置く仙台水産で、同社が四四〇万円、漁民一五人が一人当たり三〇万円の資本参加をする形で、二〇一二年八月、「桃浦かき生産者合同会社」（ＬＬＣ）を立ち上げた。

合同会社は約六億円を投じて漁船や養殖施設、加工場を作り、二〇一六年度までに黒字化を目指す。合同会社は県漁協には加入する形となったが、共同販売などには加わらず、加工から販売まですべてを自ら手がける。

仙台水産の島貫文好会長は「同じ被災した仲間として苦境を察した。いいカキを育ててもらい、自分たちで売って見せる。少しでも復興のお役にたてたら」と話していた。

二〇一三年十月、桃浦でこの季節初めてのカキの水揚げを行うと聞き、一年半ぶりに集落を訪れた。リアス式の海岸沿いに続く道路には「浜を分断する水産特区は不要　ＪＦみやぎ」と書いたのぼりが何本も風に揺られていた。

午前七時、船に乗り十五分ほどで養殖場所の沖に着く。朝日に輝く青い海と、そこに群れるカモメの白さが目に鮮やかに映る。

水産特区を立ち上げ、カキの初水揚げを終えて桃浦の港へ戻る大山勝幸さん

垂下式の網を機械で巻き上げていくと二年前に沈めたカキには海藻がびっちり付いていた。それを代表社員の大山勝幸さんが手際よく仕分けし、「近年にない良い出来栄え。夏は暑かったが、急に水温が下がったのがカキの成長には良かったのかもしれない」と言って笑顔を見せた。

船上には仲間が二人いて三人一チームで行動するから以前一人一隻の小さな船で操業していた時と比べ、作業能率も格段によくなっている。

合同会社に勤める漁民の平均年齢は六十二歳。午前七時出社、午後四時退社と決まっており、タイムカードもある。月給、賞与が支給されるほか、健康診断も受けられる。

大山さんは「皆サラリーマン生活にも慣れてきた。

桃浦は桃源郷が地名の由来。ブランドカキを育てて、若者に技術を伝授して集落の再生を図っていくことができたら」とこれからの夢を語る。

震災からわずか二か月後に急浮上した水産特区構想。村井嘉浩知事にウルトラC級のアイデアを提供したのは誰か――。知事はトヨタを宮城県内へ誘致したように経済界とのパイプも太いが、その背景はよく分かっていない。

この構想は日本経済調査協議会が二〇〇七年に出した水産業改革のための高木緊急委員会の提言に基づいている。元農林水産省事務次官の高木勇樹氏が責任者を務めるこの委員会には、日本水産などの大手水産会社や流通企業などが名を連ねていて、提言のポイントは次のようなものだ。①水産資源を国民共有の財産と位置付ける②水産業の抜本的な構造改革を、水産業への参入のオープン化と包括的かつ中長期的な戦略政策を明示し推進する③水産業の戦略的な抜本対策のための予算の組み替えを断行する――で、民間企業にも漁業へ参入できるよう求める内容になっている。

全国から注目された水産特区に果たして未来はあるのか――。仙台大学の高成田亨教授は「漁協が既得権である漁業権を守るため特区に反対しているだけで、一〇年後に漁業は存続していけるのか。桃浦のケースが成功すれば、漁業の構造を改善する方法として定着していくかもしれない」と話している。

高成田さんは元朝日新聞のワシントン総局長で、日米漁業交渉などを取材し、定年後は石巻支局で漁業記者も経験した。政府の復興構想会議の委員も務め「震災からの復興とは単に元へ戻す復旧ではなくて、新しい漁業の在り方を探る視点が大事だ」と訴えてきた。

その高成田さんが震災からの復興策について「和食がユネスコ（国連教育科学文化機関）の無形文化遺産に登録されたのだから、魚のおいしさを宣伝するチャンス」として次のように話す。

「国は銀座の真ん中に復興物産館を造り、被災地から新鮮な魚を毎日届けさせて多くの人に食べてもらう。宮城県も広島に次ぐカキの生産県なのだから、殻付きの生ガキを出荷してオイスターバーをつくるくらいのことをしたらどうか」

水産特区構想について対立を続けてきた村井知事と県漁協だが、二〇一三年十一月には、県内漁業の復興に力を入れていくことで最終的に歩み寄った。

漁協の菊地伸悦会長が「特区については五年後に評価したい。予算の配分などで他の漁業者との間で格差がないようにやってほしい」と要望すると、村井知事は「漁協に相談しないで話を進めたことはお詫びする。特区についてはしばらくは様子を見守っていただきたい」と応じたという。

震災前の宮城県の漁業生産量は北海道に次ぎ全国第二位を誇ったが、二〇一二年には全国五位に転落。水産物の販路も他県に奪われ、水産再生への課題も多く、内輪もめをしている場合ではないと双方が判断したようだ。

水産小百科②

日本漁業の現状

「鮪衝くと海人の灯せる漁りびの火にか出でなん吾が下思ひを」（マグロを突くために、漁師が灯す漁火のように、はっきりと出したいよ、私の心の中を）

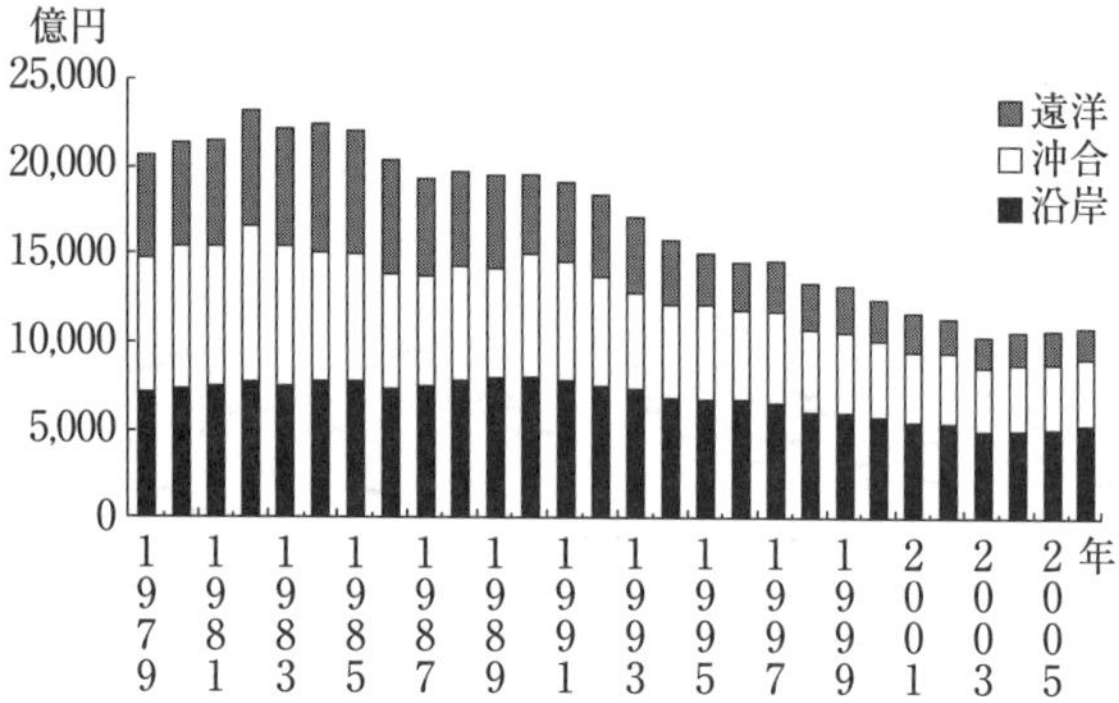

図4　日本の漁船漁業の生産額推移

＊養殖除く海面漁業
資料：農林水産省「漁業生産額」より作成
出典：佐野雅弘『日本人が知らない漁業の大問題』新潮新書

奈良時代に『万葉集』で山部赤人が詠んだ歌だが、周囲を海に囲まれた日本では古来人々は魚を獲ることによって生活を成り立たせてきた。終戦後復員した漁業者は一〇〇万人以上いたが、二〇一四（平成二十六）年には約一七万三〇〇〇人にまで減少した。一九九〇年と比べても約一〇万人も減っていて、高齢化も進み、三人に一人が六十五歳以上で年金を受け取る世代になっている。二〇一三年の新規就業者数は一七九〇人で、他職種からの転入者が多いのが特徴。海の魅力にひかれてとみられるが、受け入れ態勢は十分でなく、国による農業並みの支援策が必要だ。

日本の水産業は戦後「沿岸から沖合へ、沖合から遠洋へ」を合言葉に、世界の七つの海で漁業を展開してきた。しかし、一九七七（昭和五十二）年に米国とソ連が

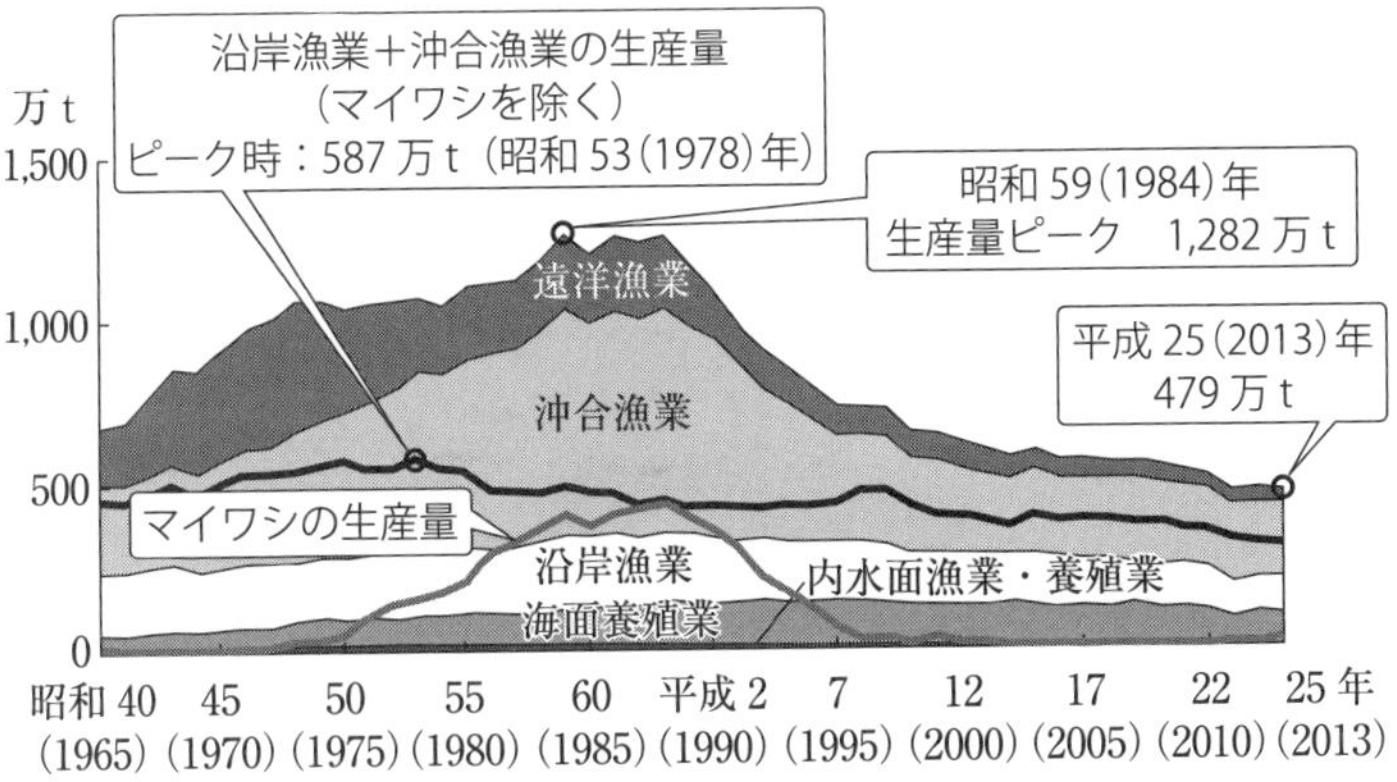

図5　漁業・養殖業の生産量の推移

出典：2015年水産白書

二百カイリ経済水域を設定して以降、日本船は各国領海内から公海上へ締め出され、遠洋漁業は衰退して沖合や沿岸漁業が中心になってきた。

それでも、日本は一九七二年から一六年間、世界最大の漁業国だった。それが一九八四年の一二八二万トンをピークに水揚げが減り、二〇一三年には四七九万トンと三分の一近くまで落ち込んだ。首位は中国に譲り、インドネシアやインド、ベトナムのアジア諸国にも抜かれ、八位に甘んじる。ちなみにEU（二八か国）は四位、米国七位、ロシア十一位の順。

乱獲による資源枯渇や海の環境変化による資源減少、燃料の重油価格高騰などさまざまな問題を抱え、水産庁の調査では沿岸漁家の年間平均所得は二〇〇七年には二七四万円あったが、二〇一三年に約一九〇万円まで低下。海面養殖漁家の平均所得も四九〇万円だった。これに水産加工業や民宿経営、年金などの漁業外所得をつぎ込み、生活を成り立たせているのが現状だ。

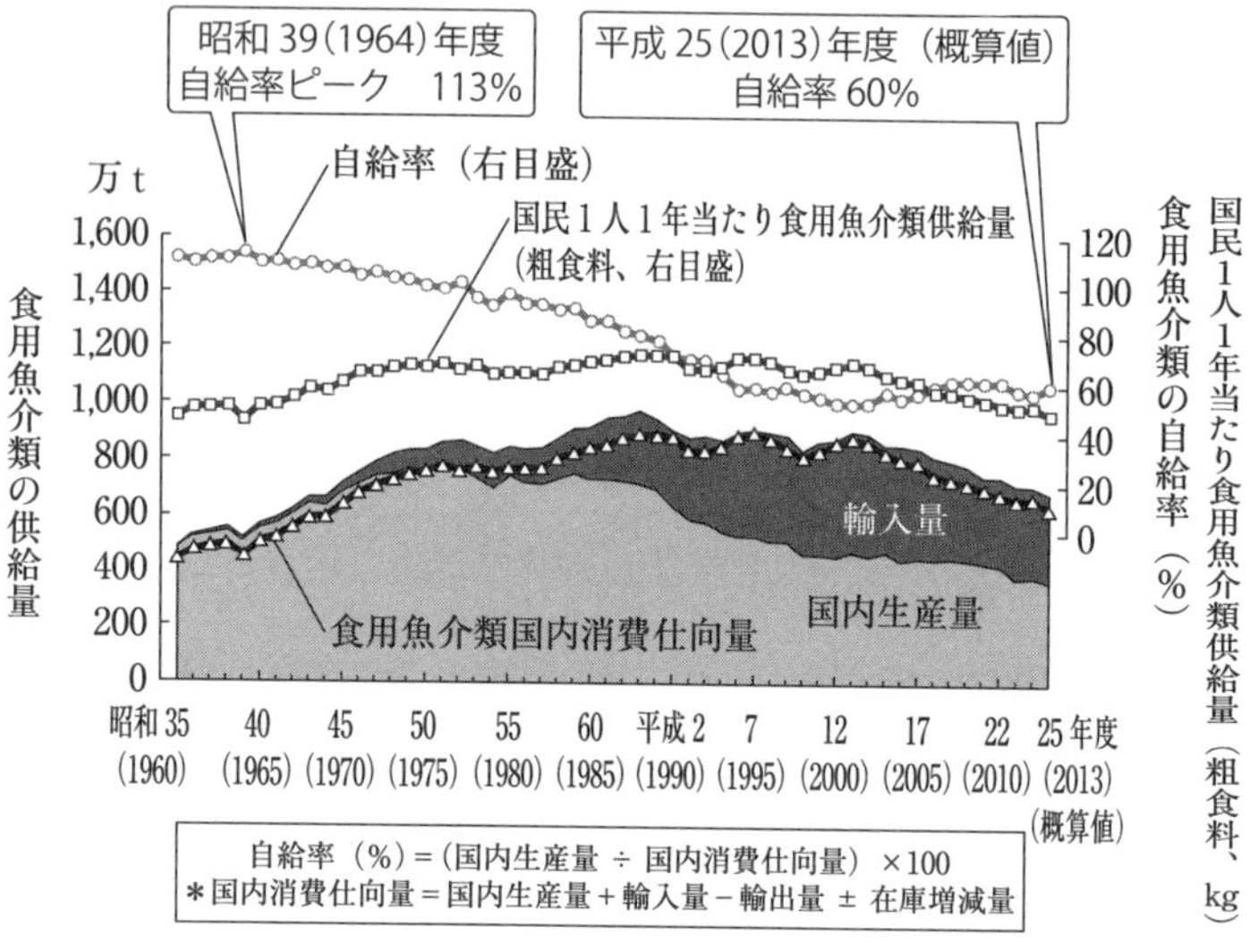

図6　食用魚介類の自給率の推移

資料：農林水産省「食料需給表」
出典：2015年水産白書

鹿児島大水産学部の佐野雅昭教授（水産経済学）は『日本人が知らない漁業の大問題』（新潮新書）の中で、「日本の漁業が危機的な状況に陥った原因は複合的」として、次のように警告している。

「低い生産性や資源管理の失敗だけでなく、消費者の魚離れ、過剰な低価格要求、輸入魚中心の簡便化食品志向なども大きな影響を与えている。私たちのふだんの食生活が伝統的な魚食を破壊し、漁業生産を脅かしています」

日本は一九七〇年代までは、水産物の自給率が一〇〇パーセントを超えていたが、二〇一三年現在で六〇パーセントに下がり、世界中から水産物を買い集める輸入大国へ。肉類に比べ、ヘルシーさが注目される魚介類は世界的に需要が高まっているため、日本は高値を付ける米国や中国に「買い負け」する現象まで起きている。

第三章　漁協の底力を発揮

岩手

◉先人の教え刻む碑

岩手県宮古市の、緑の原生林がどこまでも広がる重茂半島――。マツタケが採れる月山（標高四五五・九メートル）に上ると、左下に広がる宮古湾を隔てて浄土ヶ浜へと続くリアス式海岸の風光美が目に入ってくる。

二〇一一（平成二十三）年三月十一日の東日本大震災発生により、三陸海岸で一番大きな半島と呼ばれるこの地にも太平洋から大津波が押し寄せ、海沿いの集落は呑みこまれていった。

この時の波の色はコバルトブルーで、残酷なまでに青く澄んでいたのはヘドロとは無縁な外洋から海水が押し寄せたためで、濁流に襲われた気仙沼など東北沿岸各地での被災光景とは対照的なものだった。

重茂半島の魹ケ崎《とどがさき》灯台は本州で一番早く日の出を見ることができる最東端の地で、高さ三四メートルの灯台は太平洋戦争末期に米軍の空襲で焼失した後、一九五〇（昭和二十五）年に復旧された。

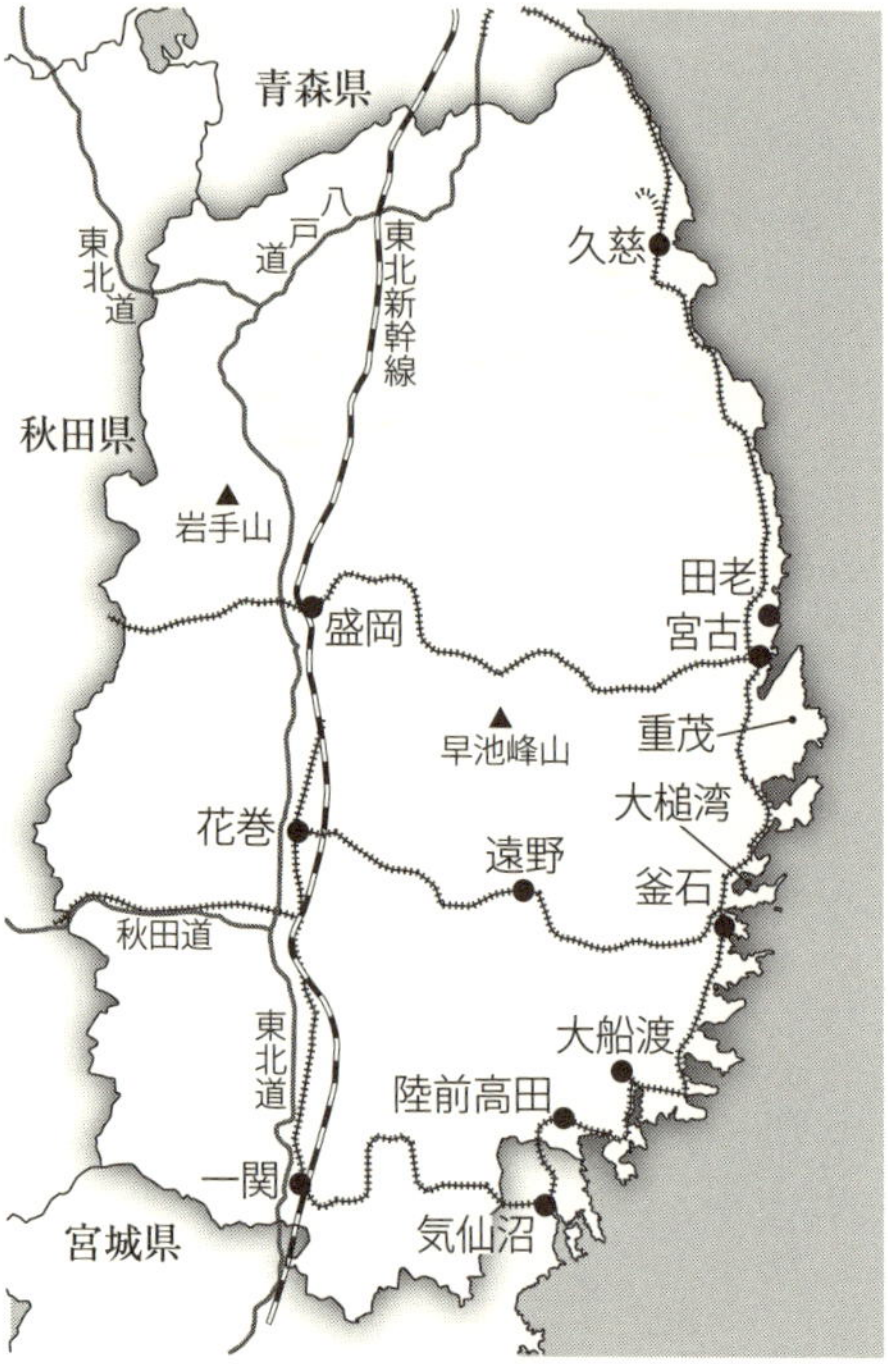

図7　岩手県

その灯台から歩いて小一時間のところにある姉吉集落は明治二十九年と昭和八年の三陸大津波で全戸を流されたため、「高き住居は児孫の和楽　想へ惨禍の大津波　此処より下に家を建てるな」と刻まれた古い石碑が立つ。

三陸大津波では重茂地区だけで明治に約八〇〇人、昭和には約一五〇人が犠牲になっていて、そうした様子は作家の吉村昭が著した『三陸海岸大津波』などに詳しく記されている。

岩手の太平洋岸に「津波てんでんこ」という大波の襲来を知ったらすべてを置いて高台へ逃げろと伝える警句があるのも、姉吉の石碑も、どちらも先人からの貴重な教訓を伝承したものだ。

今回の震災では海から崖の斜面を駆け上った海水が、この碑のすぐ下の標高約四〇メートル地点まで来て止まり、姉吉集落では犠牲者こそ出なかったものの、一七〇〇人ほどが住む重茂地区の全体では八八軒の家が流され、五〇人の尊い命が失われているのである。

「脱原発」ののぼりが掲げられた重茂漁協の建物と西舘善平・初代組合長の胸像

震災で高さが40mもある津波が到達した姉吉集落に建てられた碑

宮古市は二〇一一年にＮＨＫ朝の連続ドラマ『あまちゃん』で話題になった北限の海女の生活舞台である岩手県久慈市から南へ五五キロ離れ、その中心部からさらに二〇キロ離れた遠隔地に重茂地区がある。

一二の小さな漁港が点在し、住民の九割以上は沿岸漁業に従事し、ワカメやコンブの養殖、ウニ、アワビの採取、サケの定置網漁などを営む。中でも天然アワビと養殖ワカメの生産量は日本一で、重茂漁協は周辺の漁協から羨望の目を向けられる存在だった。

漁協の事務所前には初代組合長を務めた西舘善平氏（一九〇五—九九年）の胸像が建ち、「天恵戒驕（天の恵みに感謝し驕ることを戒め不慮に備えよ）」の言葉を組合員に伝え、漁協経営に尽力したと紹介されている。

西舘組合長は漁師ではなくて、戦前の朝鮮で旧制中学の教師を務めた経歴があり、組合員にも本を読むよう薦める異色の組合長だった。高校、大学へ進学を希望する組合員の子弟のため、私財を投じて基金をつくるほど教育熱心だった。

その基金を使って、宮古市内に寄宿先のアパートをつくったり、宮古から重茂までバスを走らせたりした。

天恵戒驕の意味は、天然資源は有限だから、控えめに使って、不足しているなら新たな利用形態、つまり養殖などを行い自然と共存共栄して地域漁業を発展させていこうという教えである。

「七ケタ産業を目指して頑張ろう」と組合を結成して以来、地道に沿岸漁業を続けてきた結果、年間に一〇〇〇万円を売り上げる漁家も普通になってきたところへ、今回の大津波が襲来した。

漁船八一四隻のうち七九八隻が沖へ流され、漁港施設や海上の養殖施設も全壊。アワビなどの種苗センターや水産物加工場、サケのふ化場などの被害額だけでも四二億円に上った。

震災から二年の歳月をかけて南半球にあるキリバス共和国まで流れ着いた「第七与奈丸」のようなケースもあったというから、津波の規模が想像できるというものだ。

「大変な事態だったが、自分たちの先輩は過去にも大きな津波を経験しながらも漁業を手放さないで生きてきた。離脱者を出さないためにも、まず漁業の再開を急がなければと考えた。若者が多い漁協とはいえ、彼らは村を離れたら二度と戻ってこないだろう。重茂を限界集落にしてはならない」

こう考えた伊藤隆一組合長は震災から一か月もたたない四月九日に漁協の全員協議会を開き、地域の生き残りを賭けた演説をするのである。

◉漁船を共同利用

重茂漁協の建物は各地の漁協と違って、浜辺ではなくて、地区中心部の小高い丘（海抜八五・三メートル）の上に建つ五階建ての建物だったことから、今回の津波による直接の被災は免れた。

しかし、宮古市中心部から通じる道路は寸断され、通信網の不通なども続いて停電が復旧したのは一週間もたってから。行方不明者の捜索や瓦礫の撤去などの混乱が続く中、伊藤隆一組合長は高坂菊太郎参事らと復興に向けての基本方針を練っていった。

組合員約五六〇人のうち約三九〇人と家族らが出席した全員協議会で、伊藤組合長は「誰もが経験したことがないこの被害をみんなでどう乗り越えるか。ここで漁業を諦めるのか、もういっぺんみんなで協力して重茂を取り戻そうという気持ちになるのか」と切り出した。

阪神淡路大震災と比べて被災規模もはるかに大きい今回の東日本大震災。民主党政権は、岩手県出身の実力者小沢一郎氏がお国入りすることもなく、日々無為無策ぶりを地元民に露呈していた。

かつて県選出の鈴木善幸氏が農林大臣をしていた時代には東北の選挙区へ戻る際には漁船に乗って三陸沿岸の各港に立ち寄ったことを思い起こせば、小沢氏の被災地への無関心ぶりは歴然としており、後に政治家としての資質をも問われることになる。

「今になっても政府はご存じの通り、右往左往して何ら方針が出ていない。政府が決めるのを待っていたのではどうにもならない。重茂のゆくべき道をみんなで話し合って決めないと、一人、また一人と漁業を諦める人が出てくるのではないか……」

漁協のホールに伊藤組合長の落ち着いた声が響き渡ったが、会場では私語などほとんど交わされず、出席者の誰もが日ごろから信頼を寄せるリーダーの言葉に懸命に聞き耳を立てたという。

「震災の犠牲者五〇人に対する最大の供養とは、我々が再び漁業で重茂の地を再建することではないだろうか」

こう挨拶した後、組合長から提示されたのは漁船や養殖施設を皆で共同利用しようという、漁業者の常識からすれば考えられない画期的なプランだった。

「運の善し悪しで、浜がバラバラになってはいけない。組合員全員に漁船が行き渡るまで、船は組合が管理し、皆で平等に使うものとする。漁獲も平等に分配する。浜には漁師だけでなく、獲った魚を加工したり、いろいろな役割の人がいたりしてにぎやかになる。漁師は本来腕の善し悪しで収入に差が付く競争者の世界だが、これだけの被害に遭ったのだから皆仕方なかっぺと思ってくれたのでは」

と伊藤組合長は被災から半年後の取材にこう答えた。

自身もワカメやコンブ漁をするという伊藤さんは一九三八（昭和十三）年、地元に生まれ、県立宮古水産高校を卒業後、重茂漁協へ職員として入った。西舘善平初代組合長の謦咳に接して多くを学び、二〇〇三年より第八代目の組合長を務める。

震災からの復興でリーダーを務めた伊藤隆一組合長

毎朝五時半に起きて浜へ出かけ、漁師と雑談してから朝飯を食べて漁協へ出勤するので、現場の漁師とは気持ちがよく通じているわけだ。今回の震災でも漁協職員の給与カットを指示したが、日ごろから組合員と一体感を持って仕事をしている職員の間から異論が出るはずもなかった。

被災時の重茂漁協の組合員の平均年齢は約五

十六歳で、全国の漁民のそれより一〇歳若かった。

「それだけに皆行動力もあったので、海へ出て流された漁船を回収する一方で、北海道や青森、日本海側の漁村へ使えそうな中古漁船を買いに走らせた。当時、漁協には九億円の資金と組合員の出資金七億円があったため、船の購入費や修理費はすべて漁協が面倒を見ることにした。約百隻を集めた段階で漁を再びスタートさせたのです」と伊藤さんは語る。

天然のワカメ漁を再開したのは震災からわずか二か月後の五月二十一日のことで、サッパ船と呼ばれる小型漁船一隻に数世帯が相乗りする形で約七〇隻が沖へ出た。

午前五時から三時間に制限しての形で、漁業者は箱眼鏡で海中をのぞきながら長さ三メートルの竿の先に取り付けたかまでワカメの根元を刈り取り、船上に力いっぱい引き上げていく。こげ茶色の肉厚で幅のあるワカメが船の甲板に山のように積み上げられると、磯の香りが強く漂う。「津波でワカメも流されたかと思ったが、しっかり岩場に張りついていた。色、香り、ツヤのどれを見ても震災前と少しも変わりませんよ」と漁師は言って、笑顔を見せた。

◉豊かな四季の漁

陸中海岸の中央部に位置する重茂半島は、南北約一七キロ、東西約八キロの広さで、岬と湾が連続するリアス式海岸を形成していて、その沖を暖流と寒流が交差する。

気候は海洋の影響を受けて温和だが、春は巡るのが遅く夏は冷涼で、年間平均気温は一一度。平地が少ないので水田はなく、ヒエやアワ、麦、ジャガイモを栽培してきたが、夏には「やませ」という冷たい風が海から吹き付け、農作物に被害を与えることも。

それでも半島の原生林から海へ流れ込む栄養分は豊富で、沿岸では一年を通してさまざまな魚介類が漁獲できる。

重茂という地名の由来ははっきりしないが、笹見内《ささみない》や小角柄《こづのがら》といったアイヌ語に由来する地名が多いことから、先住者はアイヌ民族ではないかとも伝えられている。

平安初期の歴史書『続日本紀』に、蝦夷の有力者・須賀君古麻比留が霊亀元（七一五）年に「先祖代々コンブを献上してきたが、国府までは道が遠いので閉伊村に郡家を建てることを願い出た」という重茂に関する記述があることから、先住者がかなり早い時期からこの地で漁業を生業にしていたことが想像される。

中世から近世にかけては、中国との交易品であるナマコやアワビなど「長崎俵物」の生産地として全国に知られるようになったという。

しかし、この地の住民の生活は楽ではなく、太平洋戦争が終わった後も半農半漁の自給自足に近い暮らしをしており、現金収入は県外への出稼ぎに頼っていた。そうした貧しさから抜け出るため、西舘善平・初代組合長が積極的に推進したのがワカメとコンブの養殖だった。

三陸でのワカメ養殖は、重茂より南に位置する大船渡市の末崎で昭和三十年代初めに始まったが、西舘組合長は若手の組合員に「末崎から学べ」と話していたという。

震災から二年後の二〇一三（平成二十五）年四月初め、その重茂地区の漁業の中心地・音部港を連載企画の取材で訪れた。

ワカメやコンブの共同出荷所などは再建されていたが、津波で流された施設も多く、復旧はまさにこれからという感じだった。

「中学を卒業してから漁業一筋で生きてきたが、重茂の海は本当に最高だよ。それが震災でもう駄目になったと思った時、希望を与えてくれたのが伊藤組合長だった。借金は漁協がすべて面倒を見るからみんなでもう一度頑張ろうやという呼びかけに、俺もやるぞと熱い気持ちになったのです」

こう語るのは、音部で十一代続く漁師の佐々木正男さんだ。

一九五七年生まれの佐々木さんは、一歳年下の妻清子さんと長男康博さん、二男信博さんの四人で、一年を通して三陸の潮風を浴びる暮らしを続けている。

重茂に遅い春を告げるこの季節、一家の漁獲対象は養殖のワカメで、午前零時つまり真夜中の起床でスタート。佐々木さんは息子二人と港から一キロ沖に向けて船を出す。時に高さ二、三メートルの波を乗り越えて船は進み、水深四、五十メートルに仕掛けた養殖ロープの種綱に生えたワカメを六時間ほどかけて刈り取って持ち帰る。

そして海水を沸かして港で待っていた清子さんと家族全員でワカメを湯通ししてから、高台にある自宅へ移って塩蔵作業をする。

「私は宮古市内の病院で看護婦をしていて、三〇年前にここへ嫁いできたのですが、朝が早い仕事にとんでもないところへ来てしまったと驚いたものです。ワカメやコンブを水揚げする際も今でこそクレーンを使えるから楽になりましたが、当時はすべてを手で運ぶ力仕事だったので大変でした」

と清子さんは漁村での暮らしを振り返る。

ワカメの湯通し作業をする佐々木正男さん一家（重茂の音部漁港）

重茂のワカメは外海の激しい潮流にもまれて育っため、肉厚だが、やわらかく、海のミネラル成分が詰まっているので、生のまま生姜醤油につけ刺身にしたり、しゃぶしゃぶにしてポン酢で食べたりするのがおいしいという。
特に毎年一—二月の厳冬期にワカメの新芽を摘み取る作業は成長段階のワカメを間引きするための大事なものだ。この一年間の漁果を決めるといわれるため早採りワカメを「春いちばん」のブランド名で出荷している。塩蔵ワカメよりシャキシャキ感があり、「重茂の一年の計はワカメにあり」と言われるゆえんだ。

重茂産のワカメは、品質が良いことから東京オリンピックの年（一九六四年）に自前の加工場が地元にできるまでは、県外で加工処理され「鳴門ワカメ」として東京などで販売されていたこともある。

五月に入ると、養殖のコンブも採取するが、重茂のコンブは肉厚で幅が広いのが特徴で、ワカメと同様栄養価が高いという。

佐々木さん一家の生活は、養殖のワカメとコンブが終わると、天然もののワカメ採取に移り、六月に入るとウニ漁が始まる。

岩手県内で水揚げされるウニにはムラサキウニとバフンウニの二種類があるが、その多くはムラサキウニである。水深二〇メートルぐらいまでの岩礁地帯などに生息し、ワカメやコンブを食べるウニは三―五年で漁獲用の大きさに成長していく。

ウニ漁などの解禁日を「口開け」と呼び、毎年六月後半から八月のお盆の前までにサッパ船という平底の小舟に乗った漁師が箱メガネで海底をのぞき、長いたも網でウニをすくい上げる。肥満度のいいウニを採るコツはトゲがあまり長くないウニを海底で探すことという。一回三時間程度の操業で漁獲量は資源保護を考え漁協指定の籠一つに入る三〇〇個前後に規制しているという。

ウニは水揚げ後直ちに内臓を除いた身の部分をアワビの殻に盛って蒸し焼きにする。道路事情が悪く、生の状態で県外などへ出荷するのは難しいからで、この焼きウニが重茂の特産品になっている。

焼きウニといえば鮮度のあまりよくないものを原料に使うところもあるが、重茂では午前八時の水揚げと同時に作業に入るか、瞬間凍結したウニを使うので、「品質には自信があります」と漁協職員は胸を張る。

重茂の焼きウニは舌ざわりがよく、生ウニより風味がいっそう増すので、食卓のお供や酒の肴として都会などの遠隔地に出荷するが、ファンは多いという。

暑さが収まる三陸の九月、重茂では天然物のコンブ漁が始まり、十月まで収穫を続け、十一月と十二月はアワビ漁を手がける漁家が多い。

「自分がこどものころ、アワビは今の四、五倍も採れていた。お菓子などないからおやつがわりに食べていた。一年のうち、半年の生活はアワビで支えられていた」と伊藤隆一組合長は語る。

重茂に生息するのは高級品種のエゾアワビで、殻は薄く、楕円形で、長さが一〇——一五センチぐらい。身が厚いのが特徴で、成長は遅く採捕できるまでには四、五年もかかるという。

震災前は年六〇トンほどの水揚げがあったが、震災でアワビの種苗育成施設も全壊し、復旧させるまで三年かかったので、それからの稚貝放流を考えると、アワビ漁が完全に戻るまでまだ時間がかかる見通しだ。

アワビ漁が実際に行われるのは十一月からの二か月間に九回ほどで、操業は朝の六時半からの四時間。サッパ船で採捕場所の海に到着したら、漁師は箱メガネで水深三―五メートル下の海底をのぞいて狙いを定め、カギのついた竿を自在に操ってアワビを引き上げていく。

重茂では九センチ以上に育ったアワビしか収穫しないのがルールで、震災前は収穫量に制限はなかったが、震災後は一人当たり一日二〇〇個に制限されている。これは腕利き漁師が一日に取る量の半分で、資源保護と漁師間で収入に格差が生じないよう配慮した措置になっている。

アワビ漁の時期になると、全組合員がグループをつくって、夜の密漁監視に当たる。密漁者はチームを組んで一時間ほどで根こそぎ盗んでいくからだ。

さて、その肉厚アワビをおいしく食べるには刺身が一番で、アワビの肝を溶いた醤油に付けて食べるのが最もシンプルな漁師料理だそうだ。アワビの身の表面に格子状の切れ目を入れてから焼き上げてバターと醤油でつくったソースをかけるアワビステーキ肝ソース添えはグルメ垂ぜんの的だろう。

九月から翌年一月にかけては漁協が直営する定置網で漁が行われ、佐々木正男さん一家からは二人の息子が参加してサバやサケなどを水揚げしている。

重茂の定置網漁は昭和二十年代後半から始まり、自営定置網は五か統あって震災前の売り上げは七億円強を誇った。当初はブリが大半だったが、海の環境が変わったからか一九七五（昭和五十）年ごろからサケが網に大量に入るようになり、サケの定置網が今では重茂漁協の財源を支える重要な基幹漁業となっている。

重茂川などで産卵ふ化したサケの稚魚は太平洋へ旅立ち、地球を半周して大きく育ってから四年後に母なる川へ戻ってくるが、そのサケから採ったイクラを鮮度の一番いい状態で漁協特製の醤油タレに漬けこむ。このイクラ漬けと脂がよくのったサケの切り身を瞬間冷凍してつくった「鮭フィーレ」が都会の消費地で評判だ。

しかし、震災の年は津波でサケのふ化場が流され、稚魚が放流されていないため、二〇一五年の秋に戻ってきたサケの数は前年の半分以下だったという。津波で破壊されたサケマスふ化場も二〇一四年に再建され、震災前とほぼ同量の稚魚が放流されており、関係者は将来に期待している。

以上で見てきたように、重茂では一年を通して人々が沿岸漁業一本で食べてくることができた背景には、地域での地道な環境保全運動の取り組みがあったことはあまり知られていない。

◉海の環境を守る

震災から一年半がたった二〇一二（平成二十四）年九月十六日の日曜日。大漁旗がはためく重茂中学の校庭で「浜の母ちゃんの運動会」が開かれた。

重茂漁協の女性部が主催した行事で、玉入れや綱引きに加え、「今日はあわびの口開け」などのユニークな競技もあって、地区民約五〇〇〇人が詰めかけ、にぎやかな一日を楽しんだ。

「津波が来て多くの人が亡くなり、悲しみのあまり気力を失った知り合いも。何も考えないで、家族のことだけを思ってと声をかけて時間がたったので、皆で元気になろうと運動会を計画したのです」

こう話すのは女性部長を務める盛合敏子さんで、重茂漁港の近くにオオヤマザクラの苗三一一本を子供たちと植えた。「震災のことは忘れないでね。でも、海を嫌いになってほしくないという気持ちを込めて皆で植樹した」と言う。

重茂半島の自然環境を守る主役は漁協女性部で、「豊富な水産物がとれる重茂は宝の海。そんな海を汚してはいけない」と月一回、漁港や海岸の清掃活動を続ける一方で、昭和五十年代初めから合成洗剤の追放運動（「売らない・買わない・使わない」の三ない運動）に力を入れてきた。

重茂では合成洗剤の代わりに天然成分で作った「わかしお」という洗剤を日常的に使っている。全漁連が開発した環境への負荷が少ない洗剤で、香典返しにも使うなどして、地域の暮らしに浸透させてきている。

その重茂漁協では二〇〇五（平成十七）年以来、反原発運動にも本腰を入れてきた。青森県六ケ所村にある日本原燃の使用済み核燃料再処理施設は、放射能を含んだ汚染水を海へ放出する仕組みになっていることが判明したのがきっかけだという。

「廃液を海に流すと聞き、それは親潮に乗って三陸沖へ流れ着くことを初めて知った。（一九八六年の）チェルノブイリ事故以来、うちの漁協ではセシウムの検査も独自に続けてきたので、海を汚すことは許されない。漁協の総会で反対を決議して、消費者団体の協力も得て八〇万近い反対署名を集め、当時の福田首相宛てに提出したのです」と高坂菊太郎参事が説明する。

「原発と漁業は共存できない」と考える伊藤隆一組合長は震災後の二〇一二年七月に東京・代々木公園で開かれた「さようなら原発十万人集会」に職員二〇人を率いて参加し、「原発事故で生産者は苦しめられている。ただちに原発を廃止すべきだ」と壇上から訴え、拍手を浴びた。

三陸の海を守ろうとする行動について漁業関係者の間では「風評被害を自ら助長するような行為。そこまでしなくても」という声もあったが、こうした環境重視の姿勢に都会の生活クラブ生協などの消費者側も長年信頼を寄せ、重茂産のワカメを「日本一のワカメ」として販売してきたのだった。

「重茂全滅。寒い。ストーブと毛布が欲しい」

こんなSOSメールが重茂漁協から生活クラブ生協岩手へ飛び込んできたのは、震災から二日目のことだった。

専務理事の熊谷由紀子さんが『社会運動』二〇一四年九月号に震災時の支援活動について報告しているが、それによると、組合員から集めた暖房具や食料、日用品などの物資を積み込んで現地へ入ったのは自衛隊に次ぐという異例の早さだった。

現地では野菜を漬物に加工して被災者に配ったり、ワカメの袋詰めを手伝ったり、後方支援活動に徹したが、地域の人たちに「待ってたよ」と声をかけられると長距離移動の疲れなど吹き飛んでしまった、という。

熊谷さんは今回の経験を総括する形で、次のように記している。

「津波で破壊された生産現場に立ち、生産再開までどれだけの時間を要するのだろうと思った時に、食べ物はあり続けるものではない、つくらなければ手に入らないということが、とても鮮明になった。支援という活動から、『自分の食べるものは自分でつくるしかない』という思いに変わっていったと思っています」

そんな生活クラブ生協と重茂漁協の取引は一九七六（昭和五十一）年から始まっているが、

その前年に生協創立者の岩根邦雄理事長が重茂に来て加工場などを視察してワカメの品質が優れていることや、合成洗剤の追放運動に取り組んでいる点を高く評価したのがきっかけだった。

漁協の高坂菊太郎参事も「働く者の立場にたって価格を設定し、人と人の付き合いを大事にする姿勢に感銘を受けた」とクラブ生協を賞賛する。

取引をスタートしてからの一〇年間で三〇〇トンのワカメを出荷するほど太いパイプがつながった。生活クラブ生協には現在全国二一都道府県に三四万人の組合員がいるので、震災後も冷蔵施設に残っていたワカメ七〇トンを一括購入したり、漁船の購入資金を贈呈してくれたりと、復興支援に大きく貢献してくれたという。

「震災から五年になるが、津波で壊れたアワビの種苗育成施設やサケ・マスのふ化場など基本的な施設は震災前のレベルにまでほぼ復旧した。二〇一五年度の水揚げ高は約一六億五〇〇〇万円と震災前の七割程度まで戻った」

震災五年を前にした取材で伊藤組合長はこう答えたが、気にかかるのが震災後の海の変化という。

「重茂半島の全域で震災後に岸辺が沈降する現象が生じていて、以前に比べ海水に長期間濁りが出ている。アワビの稚貝発生などに影響が出なければいいのだが。施設を復旧させた後の最大の課題は資源の回復に尽きる」と話す。

明治、昭和……と、岩手の過疎地・重茂に災禍をもたらした大津波だったが、平成の震災は重茂に朗報をもたらしていた。

「重茂から宮古市中心部へのアクセスについてはつづらおりの山道が一本あるだけで、その整備が長年の悲願だったのです」と、伊藤さんが次のように続けた。

「今回の震災ではその道路が崩壊して津波で流された人を助けても病院へ運ぶことができず、大変悔しい思いをした。それが震災復興の事業として半島をトンネルで貫く県道ができることになった。市街地までここから車で一五分で行けるのです。

この命の道路を使って自慢の海産物を新鮮なまま都会に届け、観光客も迎えることができる。鮮度のいいウニを焼きウニにして出荷しなければならなかった時代が夢のよう。皆で知恵を出し合って新しい海の活用法を話し合っているところです」

日本各地の農山漁村で進む過疎と高齢化の波は、重茂半島にも押し寄せてきている。昭和三十年代に約三〇〇〇人いた人口は二〇一五（平成二十七）年に一四九九人と半分にまで減り、前年四月には三つあった小学校が一つに統合された。

漁協に所属する約四〇〇世帯のうち約二〇世帯が離脱したが、津波で働き手を失うなどのやむを得ない事情があったからだという。

これとは逆に、震災後二十代を中心に新たに一〇人が漁師になった。

その一人で宮古市内の信用金庫に勤めてから重茂へUターンした山崎亮介さんは一九八七年生まれの二十八歳。ワカメとコンブの養殖とウニ、アワビを採る漁家の一一代目で、「デスクワークは苦手なので、体を使う家の仕事を継ぐことにした。自然相手の漁業はハイリスクの面もあるが、頑張れば技術を蓄積できて、収入にも結び付くのが魅力」と話し、重茂漁協の印象について次のように語る。

「何かあった時に、一致団結する力がすばらしい。じいちゃんも親父もそうやって皆で協力体制をつくってきた。今度新しく漁師になった連中は子供の頃からよく知っているし、仲間も多いので、好きな仕事をやることができて満足している」

東日本大震災後、漁協の持つ漁業権を民間企業にも開放して震災からの復興を目指そう、という議論が起きたが、重茂では説得力を持たなかった理由は、重茂漁協のこれまでの歩みを見れば明らかだろう。

重茂に何度も足を運んでいる東京海洋大の濱田武士准教授（漁業経済学）は「海にも魚にも所有権がなく、漁業紛争が絶えない中、資源も枯渇しないように漁民は話し合って漁場利用の秩序をつくってきた。それを象徴するのが漁業権で、その手続きをサポートするのが漁協の役割」と説明したうえで、重茂漁協の今後について次のように語る。

「未曾有の震災を漁船の共同利用による『協業化』で見事に乗り切った。これも漁協が協同組合として基本に忠実な運営がなされてきて、組合員との間で日頃から信頼関係があったからだ。

今後は高齢化などにより、家族の分業体制が成り立たなくなる漁家が出てきた場合、労働力減少への対応として他の漁家との協業化を考えなければならない時が来るかもしれない。困難なことではあるが、それは新たな連帯への模索であり、地域存続へのカギとなるだろう」

水産小百科③　漁協の役割

日本の漁業権制度は、一七二四（享保九）年に江戸幕府が「磯は地付き、沖は入会」と定めたのが始まりとされている。沖の魚は誰でも自由に獲っていいが、磯で採れるウニやアワビは乱獲の恐れがあるから、地域で話し合って操業の規則を決めたのだった。

近年、その漁業権を優先的に与えられてきた漁業協同組合に対し企業にも開放せよ、という主張が出てきている。東日本大震災からの復興に向け宮城県の村井嘉浩知事が提起した水産特区構想もその一つで、宮城県漁協が「浜が混乱する」と猛反発したことから漁業協同組合の在り方が注目された。

現在の漁協は明治時代からの地元の有力者である網元が独占してきた漁業権を零細漁民にも与え、漁業の民主化を図るため戦後の一九四九年に制定された漁業法の考え方を重視して、運営されている。

漁協は海の環境を守り生産から加工、流通、消費へとつながる食糧供給の役目を果たすとともに、造船所や資材メーカーなどとも連携し、地域産業を動かす要の存在になっている。地元消防団やお祭りの実働部隊としても期待されている。

全国には二〇一四年三月末現在で九七四の漁協があるが、漁業者や水産資源の減少、産地市場での共同販売の減少によって、多くの漁協は経営が苦しくなっている。二〇一二年度の収支をみると全国の漁協の七割は赤字で、総額は六十三億円に上っている。農協は商社（全農）や銀行（JAバンク）なども持ち、農民に依存しなくても自立経営ができているが、漁協は漁村住民相手の事業が主になっている。漁協には補助金が出ているが、それは経営に対する直接の補助ではなくて、沿岸漁業構造改善事業などへの支援という形を取っている。

中国電力が計画中の上関原発に住民が反対しながら、地元漁協が二〇一三年に建設を同意したのは漁業補償を受け取って、赤字を埋めたい意向があったからとみられるが、「海は万人のものであって漁協の所有物ではない」という批判の声も強い。

「漁協はかつて漁村の精神的支柱だった時代もあるが、今は問題が多く、漁業法の改正も必要」と訴えるのは元政策研究大学院大学教授の小松正之さんで、次のように続ける。

「国民の税金である補助金を漁協につぎこんでも何に使われているか分からない。公認会計士の監査を入れるなど組織としての近代化・透明化を図る必要がある。高齢の幹部が組合を運営しているところも多く、若手の声もくみ上げ、次の世代にバトンを渡すべきだ」

これに対し、東京大学社会科学研究所教授の加瀬和俊さんは「漁協は赤字をたれ流すとか悪口を言われることが多いが、水産物輸入の放任による国産魚の価格下落など国の水産行政の失策が経営に反映されている部分も多い。漁協は税理士の助力を得て税務申告し、税金も払っている。漁協を非難しても水産業再生には何の役にも立たない」と反論している。

Ⅱ

魚と人を未来につなぐ

第四章

黒潮の狩人たち

ユーラシア大陸の東端から、さらに離れた洋上に浮かぶ日本列島――。その太平洋側は南からの暖かい黒潮と北からの冷たい親潮がぶつかり、プランクトンが発生して、これを追う魚が集まるため豊かな漁場が形成されている。

東日本大震災の発生で、その東北側の沿岸漁業が壊滅的な打撃を受け、復興に向け模索の途にあることはこれまで見てきた通りだが、それから二年後の二〇一三（平成二十五）年春から一年間、その太平洋沿岸の各地で一本釣りや定置網の漁船に乗せてもらった。

ゴマサバやサクラエビ、伊勢エビ、キンメダイ、シロザケ……を追う漁師は歴代の専業者のほか、脱サラ組、サーファーとさまざまだが、どの人たちも底ぬけて表情が明るいのが印象に残った。

◉大物狙う一本釣り――土佐沖・ゴマサバ

穏やかな天候に恵まれた十二月三日の午前三時すぎ、四国西南端の高知県・土佐清水市沖。

満天の星空の下、橋本裕介さんの一本釣り漁船「天佑丸」（五トン）に乗せてもらい、足摺岬沖約二〇キロの漁場へ向かった。

冬の土佐沖といえば荒れるのが常識で、この日は波が比較的静かだったが、操業中に写真を撮ろうとすると船は突然大きく傾き、海中へ放り出されそうになった。

「板子一枚下は地獄」とはまさにこのことだ、と思い知った。

黒潮の海から道糸をグイグイ引き上げて清水サバを釣り上げる橋本裕介さん（足摺岬沖の太平洋）

江戸末期、土佐清水に生まれ育ったジョン万次郎（本名・中濱萬次郎、一八二七―九八年）は苦難の末に米国へ渡り、後に日米和親条約締結に貢献するが、航海中はおそらくこうした体験の連続だったのだろう。農林業にせよ、事務職の会社員などが陸でする仕事と本質的に違う海の仕事の厳しさを感じた。

清水港を出て二時間余り。ピンクのペンキを塗った発泡スチロール製ブイに付いたサバ釣りの仕掛けを二〇本ほど水深約百メートルの海中へスルスルと沈めていく。エサはサバの切り身を使っている。

そして午前六時すぎの夜明けとともに、甲板のトロ箱に腰を下ろした橋本さんが道糸を手でグイ、グイと引き上げる。

立縄漁法のおもしろさは予想外の大物がかかることにあるという。

土佐の一本釣りといえば、黒潮洗う太平洋上で漁師船団が釣竿でカツオを一匹ずつ釣り上げる光景があまりに有名だが、清水サバを狙う橋本さんの漁法も地元では一本釣りと呼ばれている。

「おっと、いいサバが掛かっちょう」

「やられた」——。

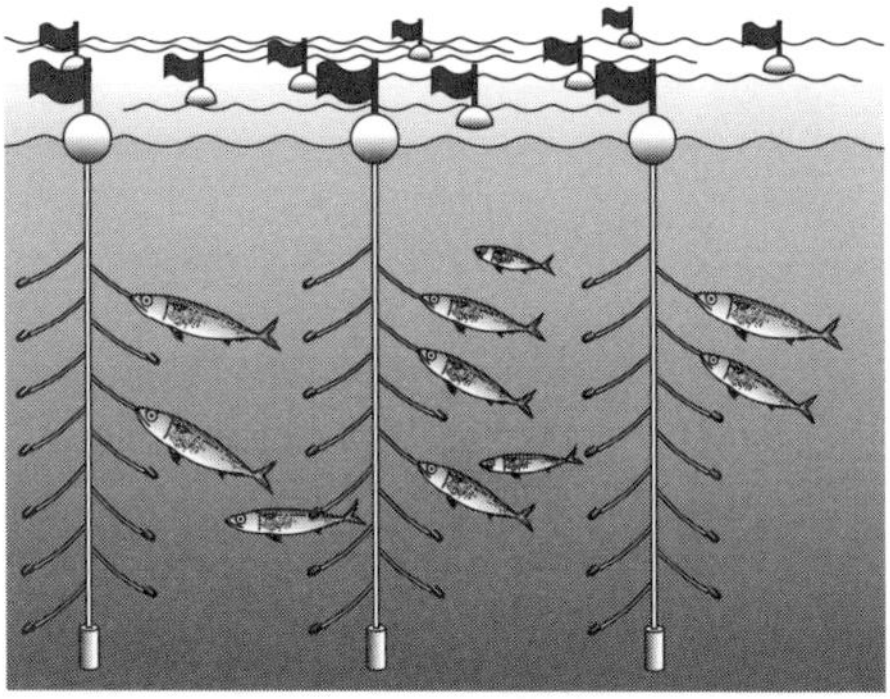

図8　サバの立縄漁法

＊発泡スチロールの浮きの下にテグスが縦にのび、テグスから横に向けて何十本もの針がついている。

資料：土佐清水市のホームページ「土佐の清水さば＞さば漁師の１日」による。

橋本さんの歓声とため息が交錯する中、海から朝日を浴びたゴマサバやハガツオが青い魚体を輝かせながら船内へ飛び込む。針を外して水槽へ放り込み、活魚としても出荷できるようにする。

足摺沖で釣れるゴマサバは「土佐の清水サバ」のブランド名で定評があり、秋から冬にかけてが旬。ビタミン類のほか、ＤＨＡ（ドコサヘキサエン酸）やＥＰＡ（エイコサペンタエン酸）が多く含まれ、成人病予防にも効果があるとされている。

マサバに比べあっさりした脂の乗り具合を好む食通も多いが、二〇〇三—〇六年度に四〇トン前後あったゴマサバの漁獲量は二〇一一年度以降、二〇トン台に落ち、県内でも十分流通していないのが現状。観光客が集まる高知市はもちろん地元土佐清水市の料理店でも「本日、清水サバの入荷ありません」と書いた看板を見かけるほどだ。

上品な脂の味と甘い芳香を感じさせる刺身はもちろん、三枚におろした身を炎で炙って切り分けてから柚子を使った三杯酢を振り掛けて食べる清水サバのたたきは最高だ。

淡麗辛口の土佐酒との相性も抜群。サバの姿ずしやサバ鍋もお薦めで、一匹で六〇〇グラム以上の目方があるものだけが「土佐の清水サバ」のブランド名を名乗って出荷が認められている。

日本漁業の実態に詳しい高知県土佐清水漁業指導所の松浦秀俊所長は「巻き網で獲るサバは群れを一網打尽にするため、魚も傷みやすいし、乱獲による資源枯渇も心配される。それに比べて一本釣りは一匹ずつ釣り上げるため、魚の扱いも丁寧で鮮度も良く、資源へも優しい漁業と評価される」と話す。

土佐清水沖のこの辺りでもかつては愛媛や大分など他県の巻き網船が不法に入り込み、サバなどを根こそぎ獲り地元の一本釣り漁師との間で紛争が絶えなかったが、近年はそうしたトラブルも少なくなったという。

土佐清水にサバ釣り漁師はかつて一二〇人以上いたが、今では大半が宝石サンゴ漁に転向した。宝石サンゴは装飾品に使うサンゴのことで、赤、ピンク、白の三色があって、最も高い値が付くのが血のような濃い赤だ。中国の富裕層にサンゴは人気があり、近年価格が高騰している。

「お月さん桃色　だれが言うたか　海女が言うた　海女の口引き裂け」。江戸時代から高知で伝わるわらべ歌で、土佐藩がサンゴを秘宝扱いにしていた様子がうかがえる。

宝石サンゴは一センチ育つのに五〇年はかかるといわれ、高知県ではサンゴ漁は明治以来続く伝統漁業の一つで、国内生産量の三分の二を占め、残りは鹿児島、沖縄の漁師が採る。

赤サンゴが特に多く生息するのが足摺沖と室戸沖で、水深一〇〇メートルの海中で網を引いてサンゴを採る。ワシントン条約締約国会議でクロマグロとともに流通規制が議論されるなど、資源の動向が世界から注目されている。

大分のブランド魚である関サバはマサバで一匹五〇〇〇円で売れるのに対し、清水サバは一四〇〇円程度。それもこの一〇年間で半値近くになっているという。

サバをよく釣る漁師の年収は一〇〇〇万円くらいだが、サンゴ漁師は二〇〇〇万から三〇〇〇万円の年収があるという。その結果、サバを追う漁師は現在二〇人足らずに減り、高齢化も進んでいて、一九六〇年生まれの橋本さんはその最若手である。

「自慢のサバを少しでも多くの人に食べてもらいたいと思って、悪天の時以外は毎日のように沖へ出るようにしている。サンゴに興味がない漁師が一人くらいおってもいいだろう」と豪快に笑う。

そんなタフガイが「やられた」と言って漁の最中にたびたびため息をついたのは、仕掛けに掛かって動きが鈍くなったサバをサメに横取りされたからだ。

足摺沖はメジロザメやオナガザメなどサメの巣になっていて、「サメ対人間の闘い」の場にもなっている。以前は漁師がまとまってサメを駆除し、サメの横行を許さなかったというが、近年は漁師の数も減り、駆除も思うようにいかなくなっているのだ。

この日の水揚げはゴマサバが二〇匹、高値がつくハガツオ三〇匹、その他で、燃料の重油代（一〇〇リットル、一万円）を差し引いても豊漁だったという。

ハガツオとは一般に名前を聞かないが、キツネガツオの別名も持ち、脂がよくのった旨い魚で土佐の皿鉢料理でも使われる。

午前八時すぎに漁場から全速力で港へ戻った橋本さんの船を出迎えたのは五歳年下の妻理恵子さんで、夫婦で魚を仕分けするしぐさを見ていて映画にもなった青柳裕介の漫画「土佐の一本釣り」を思い出した。

橋本さんは地元の社会人バレーボールで理恵子さんと知り合い、二男、二女を持つ。夫婦は昼の間は一本釣りの仕掛けをつくったり、漁具の手入れをしたりして忙しいが、同じ土佐久礼の漁村で暮らす漁師の純平と恋女房八千代の日常を描いたこの漫画と、橋本さん夫妻の暮らしが重なって見えた。

一九八〇年代前半に高知支局で勤務していたころ、当時一番大きな取材テーマは四国電力が高岡郡窪川町（現四万十市）に建設を計画していた窪川原発問題だった。

その是非をめぐって全国初の住民投票条例まで制定されたが、土佐清水など周辺漁協による反対闘争もあって計画は八年後に立ち消えとなった。

当時に比べれば、漁業者も高齢化し、日本の水産業は全般的にパワーを失っているが、沿岸漁業はそれでもまだ健在なり、と橋本さん夫妻を見ていて強く感じた。

◉富士望む海の宝石——静岡・サクラエビ漁

ゴールデンウイークも過ぎた二〇一三（平成二十五）年五月十三日の静岡県・駿河湾——。ダッ、ダッ、ダ……とエンジン音が外洋に響く。午後六時に由比港を出た「第二高由丸」（六・六トン）は三〇分もたたないうちに目的の漁場へ。

夕食の握り飯をほおばったり、タバコをくゆらせたり、と若手の乗組員が漁本番を前に船上でくつろぐひと時はあっという間に終わった。

ふだんなら夕日に生える霊峰・富士山（三七七六メートル）を望めるというが、この日は雲に覆われ、世界遺産登録で話題の雄姿は拝めなかった。

「オヤジの代から資源を管理してきたから今日があるのです。沖へ出れば皆仲間。漁獲したサクラエビを均等に分けることに違和感はありません」

こう語るのは一九七〇（昭和四十五）年生まれで、脱サラして父親の後を継ぎ船長を務める宮原吉章さんで、少しの気負いもなくこう語る。

サクラエビ漁は、漁船二隻が一組となって網を曳く「二艘船曳網漁法」で行われ、船を寄せて操業するため、強風で波が高いと船同士のバランスが崩れて危険なので出漁が中止になることも。

この日漁を開始したのは午後七時すぎで、二〇〇メートルもあるロープで長い網を海中に送り出すが、この辺りの水深は約一五〇メートル。サクラエビは昼間水深二〇〇から三五〇メートルに生息するが、日没前に水深二〇から六〇メートルあたりまで浮上してくる。

船に設置された魚群探知機を見ると、エビの群れがどこにいるのかが手に取るように分かる。その群れを網で囲い込み、僚船の「高由丸」と海面へ引き揚げ、網の中でピチピチはねるサクラエビをポンプで一気に吸い上げる。両船の乗組員一二人が一五キロ入りプラスチックケースに手早くエビを詰めていく。

体長三センチほどのあめ色に輝くサクラエビを口に入れかみしめると、塩辛さの中に上品な甘味が広がった。地元で海の宝石・ルビーと称賛される理由にもうなずける。料理法は生のま

富士川の河川敷ではサクラエビの天日干しが行われ、ピンクのじゅうたんを敷いたようだ（静岡市清水区）（撮影：堀誠）

まわさび醤油に付けて、あるいは軽く塩ゆでにして食べることが多いという。

漁は午後十時ごろまで続けて港へ帰り、翌朝六時からセリが行われる。天気のいい日には静岡市清水区の富士川河川敷で天日干しが行われ、一面にピンクのじゅうたんを敷いたような光景はカメラマンにとって格好の被写体となる。

サクラエビは駿河湾沿岸の三町（蒲原町、由比町、大井町）にある六〇統一二〇隻の漁船が静岡県知事から特別許可を得て共同操業を行っているが、サクラエビ自体が発見されたのは一二〇年前の一八九四（明治二十七）年十二月と漁の歴史は浅く、二人の漁民が仕掛けたアジの網にたまたま大量にかかったからだと伝えられる。

主な漁期は四月から六月までの春漁と、産卵期の漁獲禁止期間（六月十一日から九月三十日）を除いた十月から十二月までの秋漁に分かれる。冬場はエビが深海に潜むため漁の対象にはしない。

サクラエビの産卵場所は駿河湾奥部で、高度経済成長時代に田子の浦の製紙工場からヘドロが垂れ流された際、漁民たちが産卵場所を守れと抗議行動に立ち上がり、公害反対闘争を展開してきた輝かしい歴史もあるのだった。

ヘドロは一九七一年に外洋投棄を断念し、富士川の河川敷に埋めることになったが、一連の漁業者の行動がサクラエビの共同管理にも結び付き、エビを獲りすぎないよう、出漁対策委員会が一日の水揚げ量を決め、売り上げを一二〇隻が均等に分ける「プール制」を一九七七（昭和五十二）年から導入している。

「腕のいい漁師はエビをいくらでも獲れるし、漁師は本来規則で縛られることを嫌う。反対の声も強かったが、当時の組合長の『エビがいなくなったら由比はおしまいぞ』の一声に、皆が従ったのです」と由比港漁協組合長の宮原淳一さんが語る。

それでもここ数年の漁獲量はピーク時（六七年）の八分の一に当たる千トン前後を低迷していて、魚価も芳しくないのが現状だ。

静岡県水産技術研究所上席研究員の鷲山裕史さんは「今は資源量が谷間の状態にあり、今後の回復を期待したいが何とも言えない。サクラエビはプール制によってかろうじて資源が維持されている」と説明する。

宮原組合長は「うちの漁協ではサクラエビ漁にシラス漁をうまく組み合わせて黒字経営でき

ていて、どこも後継ぎがいるのはありがたいことだ。しかし、プール制だけではサクラエビを守っていけない時代に入ってきた。静岡県全体の沿岸漁業を見ても、山に手入れをして東北などで起きている森は海の恋人のような運動が必要になっていると思う」と話している。

日本近海で魚が減ってきた背景に漁業者による乱獲の問題があり、資源管理の在り方は国際的にも注目されている。駿河湾のサクラエビ漁は日本での数少ない資源管理の成功例であり、資源と環境に優しい漁業であることを認定する水産業振興団体「MELジャパン」の水産エコラベル認証を二〇〇九年に取得している。

◉志摩半島の漁師塾――三重・伊勢エビ漁

太平洋からの冷たい潮風が吹き抜ける二〇一四（平成二十六）年一月末の三重県・志摩半島。

近鉄特急で名古屋から二時間、鵜方駅からタクシーで一五分の志摩市甲賀の海岸からも、遠くに雪をかぶった富士山が望める。

「此《この》エビ、伊勢ヨリ多ク来《きた》ル故《ゆえ》、伊勢鰕（えび）ト号ス…味ヨシ…」

江戸時代中期に儒学者の貝原益軒が編纂した『大和本草』に出てくる記述だが、当時伊勢エビが都へ運ばれ、味も良く話題になっていた様子がうかがわれる。

姿が腰の曲がった長寿者を連想させることや、ゆで上がると真っ赤な色になることから古来、縁起物としてもてはやされてきた。

志摩半島から熊野灘にかけての三重県沿岸は伊勢エビの好漁場になっていて、千葉から九州への太平洋岸の生息地の中でも漁獲量は日本一を誇る。

三重の浜値が全国の伊勢エビ相場を決めるといわれるほどで、自慢のエビはもちろん伊勢神宮の神々に奉納されている。

今の日本ではあらゆる魚種の養殖が可能になっている中で、伊勢エビはふ化した幼生が稚エビになる生態が解明されていないため、養殖も行われていない。

志摩市甲賀の海で水揚げされた30年物の巨大伊勢エビ（三重外湾漁協甲賀支所）

正午前に三重外湾漁協の甲賀支所へ着くと、伊勢エビの競りは終わった後で、民宿の主人豊田昇さんが四〇センチもある三〇年ものの巨大なエビをわしづかみにして、その魅力を聞かせてくれた。
「だいたい二五〇から三〇〇グラムの大きさのものが一番のおすすめ。塩をふって焼くと風味が強くて最も旨いが、刺身はプリプリして身が甘いし、味噌汁もエビ味噌が溶け込んだコッテリした捨てがたい味。皆さん都会からフルコースを食べにやってきますよ」とのこと。

伊勢エビはバブルのころはキロ一万円を超える高値が付いたが、現在ではその半分より少し高いくらいの値段といい、「今は漁具が発達したからか昔より伊勢エビはよく獲れている。それに反し、アワビやサザエ、ナマコは減った印象だ」と話す。

昼下がりの浜辺を歩くと、漁師やその妻たちが伊勢エビ漁に使う刺し網の手入れをしていた。「修業期間がまもなく終わるので、ようやく独り立ちできる。漁師で食べていくのは大変だが、サーフィンをやっていたから海が大好きだし、人に使われる仕事より楽しみは大きいと思う」にこやかな表情でこう話すのは一九七九（昭和五十四）年生まれの桑原博さんで、名古屋市でフリーターをしていた。「もやい塾」という漁師塾を主宰するベテラン漁師石神昭年さんの存在を知り、二年前に弟子入りして、この時期は伊勢エビ漁と小船に乗って海底にいるナマコを採取する。

石神さんは地元に一九六三年に生まれ、小学生の時から伊勢エビを獲っていたが、調理師の専門学校を出てからホテルなどで働き、二十三歳で漁師になった。

遠洋カツオ漁船に乗って南アフリカのケープタウン沖などへ行ってから故郷へ戻り、伊勢エビやサザエを獲る沿岸漁業に従事しながらペンションを経営してきた。四十五歳の時、県立水産高校に入り直して話題になったというから、周囲に若い漁師の友人も多い。

「漁師の仲間をもっと増やさなければ」と七年前からもやい塾を始め、全国から漁業に関心を持つ人材を受け入れている。

桑原さんと一緒に網の手入れをしていた女性は大阪で会社員をしていたが、夏場は海女をしたくて志摩市へやって来たという。

「伊勢エビ漁は金もかかるし、技も必要だが、本人の実力次第で収入も伸びる。定置網やカツオ・マグロ船に乗る漁師よりはるかにおもしろいと思う。ただ、漁師を育てるのは難しい仕事と感じている。

これまで一四人を漁師にしてきたが、行政は農業の後継者育成には補助金は出しても漁業にはそうした対応をあまりせず、熱意が感じられないからだ」と石神さん。

伊勢エビは昼間岩陰に潜みながら夜になると貝やウニなどのエサを求めて行動を起こすので、その移動するタイミングを押さえて網で捕獲する。

毎年産卵期（五月―九月）を除いて十月から翌年四月にかけて、海岸から約三キロ沖の水深二〇メートルほどの岩場に午後二時ころに刺し網を仕掛けて、翌未明の午前三時ころに網を上げる。

エビの足を折らないよう一尾ずつ丁寧に網から外し終えるころには空も白み始める。型の小さいエビは資源保護のため、海へ逃がしているという。

「満月の晩はエビにも網が見えて動かないので漁を休むが、だいたい年間一四〇日くらいは沖に出る。今は漁が一番良くない時期だが、それでも偽装表示があった関係で伊勢エビの値段は例年の二、三倍になっている」と石神さんは説明する。

各地のホテルで伊勢エビでない外国産のミナミイセエビを使った料理が出回る偽装表示問題が発覚して、業者は本物を探すようになり、品薄で値段が高騰したということだった。

石神昭年さんの住む甲賀の集落から海岸に沿って二〇分ほど南へ歩いた志島地区では、東京都出身の井上和さんが伊勢エビ漁にいそしんでいた。

「初めて網を揚げて、赤黒いエビが鈴なりになった状態を見た時の感激は一生忘れられません」と話す。

一九八〇（昭和五十五）年生まれの井上さんは高校を中退して遠洋マグロ漁船に乗り、一時期陸で会社員生活も経験したが、海の暮らしを忘れられず、東日本大震災の年に志島へやってきた。

「ウミガメが産卵に来るようなきれいな海岸はほかに知らなかったし、高台から海に目を向けて海底までくっきり見えたのも驚きでした。住む家まであっせんしてもらい、晩ごはんは近所にいつもごちそうになっていました」

井上さんは三重外湾漁協志摩支所の理事城山秀治さんに伊勢エビ漁の技術指導から船や漁具探しなどマンツーマンで教えを受けてきた。今では独り立ちして、サーフィンが趣味で海女になりたいという女性と所帯を持ち、赤ちゃんも生まれ、漁村での生活にすっかり根をおろしている。

甲賀の桑原さんや井上さんら県外の若者約二十人を受け入れているのは二〇一〇年に設立された「畔志賀《あしか》漁師塾」だ。

もやい塾を主宰する石神さんも運営に協力している集まりで、塾頭を務める城山さんは一九四二年生まれ。若いころは遠洋のカツオ・マグロ漁船に乗り世界の海で漁をしてきたが、父親の死を機に三十八歳で故郷へ戻り、伊勢エビやアワビ漁に路線を変えた。

「高齢化と過疎化が進む故郷を少しでも元気にできないかと考え、海の好きな若者をインターネットで募集したら、けっこう反応があったのです。彼らを漁協の組合員として受け入れ、真面目に仕事を続ける人物には漁業権もちゃんと持たせる。

昔からいる漁師との間でしがらみもいろいろあるが、住民もよそ者を積極的に受け入れるという気持ちを持てば、過疎化を止めることはできなくても、遅らせることはできる。そんな気持ちで漁師塾に取り組んでいるのです」

こう考える城山さんの悩みの一つは海女のなり手が少ないことだ。

志摩半島では伊勢エビの禁漁期は、男性も海に潜ってアワビやサザエを採るが、三重の海女の歴史は平安時代の『延喜式』に記録が残るほど古い。現在海に潜る女性は約千人いるが、これは全国の海女の半数近い数を誇る。

「海女の素潜り漁は、資源を大切にしながらやってきた持続的漁業で、自分の目で資源の減り具合が確認できる点が魚を一気に獲ってしまう底引き網などと違う。海女を守ることが沿岸漁業の立て直しにもつながると思うのです」

こう語るのは三重県鳥羽市にある「海の博物館」館長の石原義剛さんで、日本と韓国だけに生き続ける「海女文化」を国連教育科学文化機関（ユネスコ）の世界無形文化遺産に登録する活動を続けている。

NHKの朝ドラマ「あまちゃん」で注目を集めた岩手県久慈市は北限の海女と呼ばれる女性たちがウニを採っていたが、「伊勢こそが海女の本場。一人でも多くの女性に門戸をたたいてほしい」と漁師塾の関係者は参加を呼び掛けている。

◉サーファー漁師──房総・キンメダイ

温暖な土地とはいえ、前日には小雪がちらついたという二〇一四（平成二十六）年二月の外房海岸。JRの特急わかしおで東京駅を出発して約二時間。安房鴨川駅で降りて背後を見上げると、スーパー「イオン」の巨大な建物がそびえているのに気づかされた。

駅前につながる商店街の多くは閉店していて、日本の地方のどこでも見かけるシャッター通りが外房の中心地にも広がっていた。

やっと見つけた小さな食堂でアジの「なめろう丼」を食べて一息入れる。鮮度のいいアジを三枚に下ろしてから味噌とネギ、ショウガなどの薬味を入れて包丁でトントンと粘りが出るまでたたいたものを熱々の丼飯にのせる。

なめろうは漁師が操業の合間に沖でつくる即席料理で、「皿までなめつくすほどうまい」が名前の由来だそうで、このアジを獲る若者たちに会いに鴨川市漁業協同組合を訪ねた。

「海が好きで漁師になり、サーフィンもやれるなんて理にかなっている」と語る北浦裕也さん（中央）、中原敬司さん（左）、北沢直諒さん（右）

同漁協は二〇一三年度の水揚げ量は約九〇〇〇トン、水揚げ高で二三億円を誇り、千葉県では銚子や勝浦などに続く規模の大きな組合で、正組合員四二四人、準組合員八六八人が所属する。組合長は松本ぬい子さんが務めるが、漁協の女性組合長は全国でも珍しいという。

操業形態は定置網や巻き網、刺し網などで、ブリやアジ、サバ、タイ、ヒラメ、伊勢エビ、アワビ、ハマグリなど多種多様な魚介類を水揚げする。

太平洋の荒波が打ち寄せる房総の鴨川海岸は「日本の渚百選」にも選ばれた美しい浜辺で、一年を通してサーフィンが盛んである。

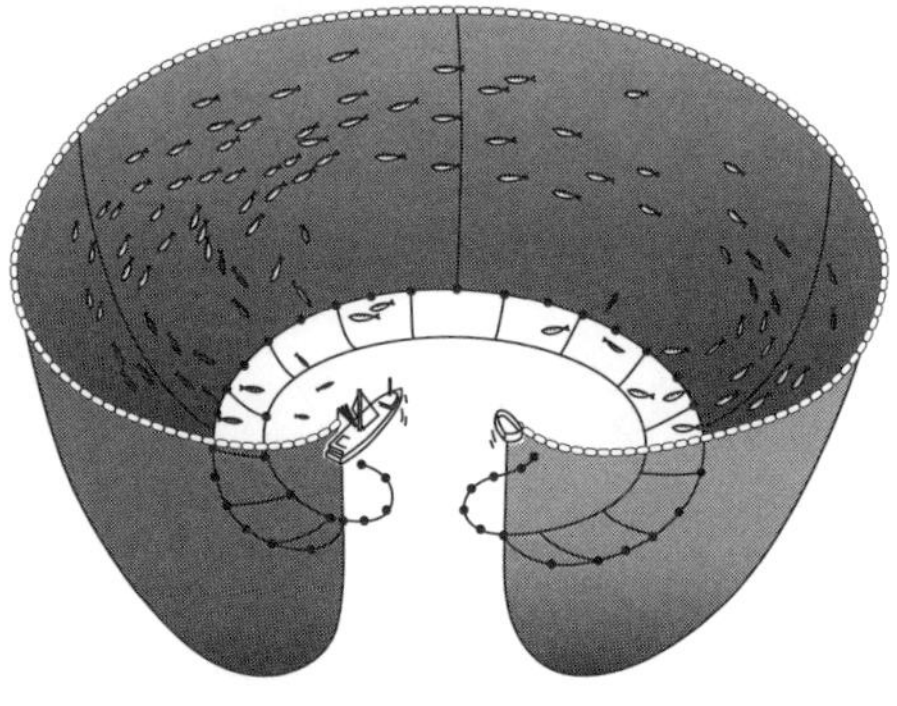

図9　巻き網漁

資料：水産総合研究センター編『水産大百科事典』朝倉書店を参考にして作成

この地で若いサーファーが漁師に転身し始めたのが一九九七年ごろからという。鴨川市漁協にはサーファー経験者の漁師が約三〇人いて、沖の定置網漁では白髪のベテラン漁師と茶髪の若者が力を合わせて魚を獲る光景が見られる。

そんなサーファー漁師の一人、北浦裕也さんは巻き網船「浩昇丸」の船長を務めながら、一年のうち一〇〇日くらいは波に乗る。一九七九年に地元に生まれ、小学生の時からサーフィンを始め、高校時代には全日本選手権で第五位に輝いた。しかし、プロのサーファーだけでは食べていけず、ブリやアジを獲る漁師に。民宿を経営している祖父も漁師だったという。

「甲板の足元まで魚があふれ、他の船より多く魚を獲ったときの喜びは格別です。若いころに比べ責任ある仕事を任され、気を遣うことも多いが、波に乗ればすべてが浄化される気分」と北浦さんは語る。

夜中の十二時半ごろに出漁し、房総半島の沖合でアジやブリ、サバなどの群れを見つけて二艘の船で囲い込み、網を絞って中の魚をタモ網で運搬船に入れる。こうした作業を何回か繰り返して午前七時ごろに港へ戻る。

乗組員は水揚げと魚の選別を手伝ってから同九時ごろ家へ帰るが、それから一休みして午後からサーフィンを楽しむことも可能だ。

時化が来て最初から漁が休みの時は、映画『ビッグウェンズディ』のような大波の到来を夢見て浜へ出る漁師もいるそうだ。

「県外から来たサーファーに地元のお年寄りが『そんなに海が好きなら漁協で働き口を探したらどうか』と紹介したのが始まりでした。天候が悪く、漁ができないときは波に乗ってサーフィンをする。趣味と仕事が両立したわけで、彼らは定着率も高く、地元でも信頼されている」と鴨川市漁協参事の田原智之さんは説明する。

サーフィン好きで鴨川へやって来て、漁師として独り立ちする若者もいる。京都府出身で一九七八年生まれの中原敬司さんは、二十五歳の時、鴨川へ移って来て巻き網船を紹介された。

「船団では水揚げは均等に分けるので、個人の頑張りが反映されない。自分の獲った魚に付加価値を付けて売り出したい、と考えて、キンメダイやサバの一本釣りを始めたのです。房州産のサバは九州の関サバに負けないくらい脂も乗り、おいしいので工夫して値段を上げていきたい」

こう話す中原さんは「巻き網船の時に比べ、翌朝の仕掛けづくりなどで忙しく、サーフィンには年に数回しか行けなくなったが、今の生活に満足している」と言う。

東京都出身で一九八二年生まれの北沢直諒さんは漁師になりたくて大島の水産高校を卒業し

た後、静岡県で遠洋のカツオ一本釣り漁船に乗ってから二十一歳で鴨川へやって来た。巻き網船で一年間研修を受けてから船外機船を購入し、エビ網と夏場は海に潜り、アワビを採取した。そして二〇一二年に独立し、キンメダイ漁と海士漁を組み合わせて生計を立てている。

「鴨川に来た当初はサーフィンもやったが、今では釣りのほうがおもしろくなってしまった」と北沢さんは次のように続ける。

「特にキンメダイはビギナーズラックに恵まれ、最初の年から大漁で、一番わくわくする釣りと思った。先輩漁師が親切でいろいろと教えてくれたし、資源管理の大切さを県の普及員から教えられた。漁協も後継者づくりに熱心なので、自分もいずれは若手漁師の育成にかかわっていきたい」

鴨川漁協の田原参事は「サーファーは定置網や巻き網船に雇われる場合が多いが、中原さんたちのような独立するケースが出てくると一〇年後の展開が楽しみ」と話している。

◉シケ続きの定置網――新巻きザケ発祥の大槌

東日本大震災の取材で東北沿岸の被災地へは何度も足を運んだが、実現が難しかったのが秋サケを獲る岩手県大槌町の定置網船への同乗取材だ。

二〇一三（平成二十五）年の十月下旬は台風の襲来や、低気圧の影響で太平洋上へ出てもシケが続き、沖にある定置網へ近づいても、港へのUターンを何度も余儀なくされたからだった。
それでも番屋に戻れば漁師の皆さんと一緒に朝ごはんを食べさせてもらったりした。さつま揚げと白菜の炒めもの、ポテトサラダ、青菜おひたし、タクワンをおかずにして、ドンブリ飯を食らい、味噌汁を飲む——海の男の食生活は意外と質素なことも知った。

大槌町は岩手県宮古市と釜石市の中間に位置するが、三陸鉄道が津波で不通になったため、釜石からバスかタクシーで入るのが一般的だ。江戸時代からサケ漁が有名で、南部新巻きザケ発祥の地として知られるが、今回の震災による津波で町民の一割に当たる一二八〇人が亡くなっている。

冷たい雨がようやくやんだ十月二十三日の午前三時四十分、大槌漁港から「瀬谷丸」（一九トン）が出港した。

全長で一〇メートルほどの船のあちこちで、漁船員がタバコを吸うオレンジ色の明かりが見える。二〇分ほどで海面に黄色いブイがいくつも浮かぶ沖野島漁場に着いた。低気圧の影響で波は三メートルと高く、船は時に大きく揺れるが、風はそう強くない。

「よし、これなら行くぞ」——。

「瀬谷丸」に乗ったサケ定置網の大謀《だいぼう》、小石道夫さんの決断でクレーンと人力で網起こしの作業が始まった。

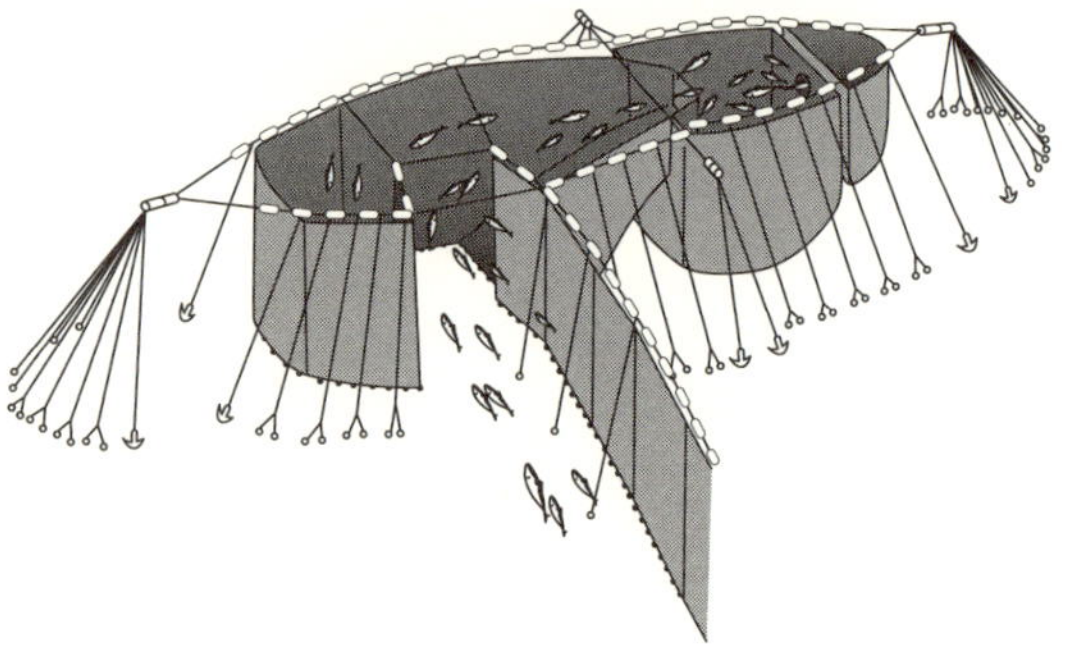

図10　定置網漁

資料：水産総合研究センター編『水産大百科事典』朝倉書店を参考にして作成

「早く引け」「引け」「ゆるめろ」――。

甲板で大声が飛び交う中、僚船の「第一久美愛丸」と囲んだ網の中で、まず海面に浮かび上がってきたのはマンボウの一メートルを超す白い魚体だった。

ついで銀鱗を輝かせるサバやイナダに交じって、桃色の婚姻色をしたサケの群れがバシャバシャと踊る。

定置網は海の中に網で囲いを設け、入り込んだサケを獲るが、沖野島漁場では深さ七〇メートルの海中に総延長一キロもある巨大な網を仕掛ける。

「四日ぶりに網を上げたが、これ以上海に入れておくと魚が入りすぎてしまい、重みで網が壊される。波が高さ三メートルもある時はふだんなら網上げはしないが、網は今日が限界なので無理に決行した」

こう説明する小石さんは一九五一年地元生まれ。北洋・ベーリング海でのサケ・マス漁を経験してから故郷へ戻って、この道四〇年というベテランだ。二二人の乗組員を率いるリーダーで、大謀とは漁労長のことを指す。

「漁場は戦場。沖では鬼になる」

身長一八〇センチ、体重八五キロの巨体は定置網船の司令塔そのものという感じだが、秋サケ漁が貴重な現金収入となる大槌町では震災復興の要手としての責任が大課の両肩にのしかかる。

この日は水平線が明るくなる午前六時前に大槌港へ戻ったが、昭和のNHKドラマ「ひょっこりひょうたん島」で知られる蓬莱島の脇を通る辺りからカモメが乱舞してきた。

大槌漁港サケ定置網の水揚げ

港ではセリに参加する仲買人らが船を出迎えたが、この日二か所の定置網で水揚げしたサケは約二〇〇〇匹だった。

「まあまあの漁獲で、秋サケ漁は来月からが本番」と、小石漁労長はほおをゆるませた。

小石さんは東日本大震災で津波が押し寄せた時は堤防にいて間一

髪で丘へ逃げた。

「屋根の上に乗って流される近所の人を救えなかった自分の無力さと悔しさが心に残る」という。

被災者の先頭に立って三日三晩、不眠不休で住民の救援活動を続けるうち、自身もけがをして敗血症で意識不明になり、一命は取り留めたものの、うつ状態に陥った。

このころ、大槌漁協が積年の債務超過に加え、震災の影響で経営破綻して新おおつち漁協として再出発することになった。

「おまえが先頭に立たなければ、誰がやれるのか」と周囲に激励され、「もう一度花を咲かせるか」という気になり、再び沖へ出ることを決めた。

そんな大槌の漁業者を支援したいと、横浜市瀬谷区の板金業露木晴雄さんらが三六〇〇万円ものカンパを寄せてくれ、被災した船に代わる瀬谷丸と久美愛丸の二隻を新しく造って、今シーズンに備えてきた。

「新しい船は作業もしやすく、快適だ。サケをたくさん獲り、漁協を立て直すことによって都会の人たちに恩返しをしたい」と小石さんは語る。

岩手県のサケ増殖事業は一九〇五(明治三十八)年に宮古市の津軽石川で人工ふ化放流が行われ、一九九二(平成四)年には沿岸二七河川に二八のふ化場を整備した。

この結果、サケの水揚げ高は年々増えて一九八四年度に二〇〇億円を突破したこともあるが、九四年度に大きく落ち込んでから近年は漁獲量も低迷を続けている。

そうした中で、小石さんにとって気がかりなのは二〇一五年秋以降のサケの動き。町内のふ化場が震災に伴う津波にやられ、稚魚を放流できていないので、成魚が川へ戻る震災から四年後の状態が読めないからだ。

これを東北の漁業関係者は「二〇一五年問題」と呼び、気をもんでいる。

「秋サケの漁獲に影響は出るだろうけれど、二〇一三年の春、大槌の定置網には連日のようにサクラマスが大量に入って地元は沸いた。こんな現象は初めてだった。自然界のことは分からないことが多いので、あきらめずに漁を頑張っていきたい」

大槌の沖で漁を終えて港へ戻る船中で、海を見詰めながら感想を語る小石・大謀の口調には力がこもっていた。

岩手の秋サケ漁のその後だが、二〇一五年秋はやはり震災の影響がたたって、水揚げ量は不漁だった前年同期と比べてもその六割程度にとどまり、体長も小さい魚が目立ったという。サケが少ないため、山田町ではつかみ取りのイベントが中止になったり、宮古沖の定置網で例年なら朝夕の一日二回あった水揚げが朝だけになったりしている。

川に遡上する親ザケも少ないため、二〇一六年春に放流する稚魚を確保するため、海で水揚げされた雌サケを採卵用に使う「海産親魚」が行われている。

水産小百科④ マグロ漁業

東京都中央区の築地市場で毎年正月明け五日の恒例行事となったクロマグロの初競り風景。二〇一六（平成二十八）年は青森県大間の漁師が釣り上げた二〇〇キロのマグロに一四〇〇万円（一キロ当たり七万円）の高値が付き競り落とされた。すしチェーン「すしざんまい」を運営する喜代村の落札で、市場近くの店へ運び込み、客は格安値段のトロの握りに舌鼓を鳴らしていた。

その三年前には史上最高の一億五〇〇〇万円超の高値が付き、日本人のマグロ好みは世界に知られ、築地市場で午前五時に始まる競りを見学に訪れる人の多くは外国人観光客となっているほどだ。

マグロは青森県の三内丸山遺跡からも骨が見つかるほど縄文時代から食べられてきた。江戸時代には下等な魚扱いされ、脂ののったトロは見向きもされず、人々は赤身をもっぱら食べたが、現代は食生活の洋風化に伴い、バブル期以降トロを好む人が急増している。

マグロにはホンマグロの別名を持つクロマグロのほか、ミナミマグロ、メバチマグロ、キハダマグロなどがある。二〇一二年度に国内へ供給されたカツオ・マグロ類七〇・二万トンのうち、クロマグロは二・一万トンと全体の約三パーセントを占める。高級すしネタに使われることから「海のダイヤ」とも呼ばれ、日本は太平洋クロマグロの八割を消費することから波紋を生じることも。

マグロはかつて一本のロープに釣り針を何本も垂らす延縄漁が一般的だったが、一九八〇年代に魚の群れを一気に捕獲する巻き網船が登場し、魚影を探るソナー技術の開発などで乱獲が急速に進んだ。このため、国際自然保護連合（ＩＵＣＮ）が二〇一四年十一月にクロマグロを絶滅危惧種に指定した。

長崎・対馬で二〇一五年六月、沿岸で一本釣りをする零細漁船約一〇〇隻が巻き網船を包囲し、入港を阻止する事態が起きた。「産卵のため回遊してきた親マグロを一網打尽されたら、マグロがいなくなり、われわれの生活は成り立たない」という抗議行動で、壱岐・対馬の漁師は産卵期の自主禁漁を実行している。

これに対し、水産庁は「親魚より未成魚の保護のほうが大事」という見解で、巻き網船側も「国の考え方に従っているので、問題はない」としていて、主張は平行線をたどっている。

東京海洋大の勝川俊雄准教授は「資源を将来に残すためにも産卵場の漁獲規制を急ぐべきで、大西洋のクロマグロは厳しい規制をした結果、資源が回復した例もある。産卵期のマグロは脂が抜けていて商品価値も低いので、漁獲を控えてほしい」と呼び掛けている。

北太平洋海域のクロマグロの資源管理を話し合う中西部太平洋まぐろ類委員会（ＷＣＰＦＣ）が二〇一五年九月に札幌で開かれ、日本、米国、台湾などの間で生後一年未満のマグロが大幅に減少した場合、漁獲規制を実施するルールを導入することを決めた。

第五章

雪景色の日本海

太平洋岸の漁村を歩いた時に比べ、日本海側の浜辺を取材で訪ねたころは雪景色の季節が多かった。しんしんと海辺に積もる雪に、吹きすさぶ寒風……。ペンを持つ指も、唇も頬も凍えたが、漁師は黙々と網から魚を外す作業をしていた。

秋田・男鹿半島のハタハタ漁や新潟・佐渡島の甘エビ漁などが直面した厳しい現実を知るにつれ、魚類の乱獲と資源管理という日本漁業が抱える構造的な問題についても考えさせられた。

◉イカナゴを全面禁漁――津軽

北海道から九州に至る日本各地の沿岸で獲れ、つくだ煮や釜揚げなどの食材に使われる庶民の魚・イカナゴ――。

コウナゴとも呼ばれるこの魚の寿命は約五年で、二歳魚になると産卵が可能になり、一月から四月にかけて水深五〇メートル付近の砂礫質の海底で産卵する。

青森県ではふ化した稚魚は陸奥湾の沿岸を回遊し、一歳魚で約一二センチ、二歳で約一六センチ、四歳で二二・五センチ、五歳で約二五センチに成長すると推定されている。

陸奥湾ではホタテやナマコに次ぐ重要な水産資源だったが、近年漁獲量が激減してきたため、二〇一三（平成二十五）年の春から湾内の三厩や竜飛今別、外ヶ浜など六つの漁協で全面禁漁に入った。

北の海で何が起きているのか。この年の四月初め、残雪の間にミズバショウが顔をのぞかせる津軽の現地を訪れた。

JR青森駅から津軽線というローカル電車に乗って、太宰治が「風の町」と呼んだ蟹田で三厩行きに乗り換え、今別駅で降りる。

今別町は太宰の小説『津軽』の舞台にもなった土地で、本人が旅をした一九四四（昭和十九）年当時の様子は次のように描かれている。

「……、私たちのバスはお昼頃、Mさんのゐる今別に着いた。今別は前にも言つたやうに、明るく、近代的とさへ言ひたいくらゐの港町である。人口も、四千に近いやうである。……」

その今別の現在の人口は約三〇〇〇人で、農業と水産業が主体の町。津軽半島の竜飛岬に近く、北海道函館市と結ぶ世界最長の海底トンネル「青函トンネル」の本州側入り口に当たる。

このトンネルを建設中、作業員で賑わった時期もあったが、一九八八年の開通とともに町の衰退が始まる。それでも、二〇一六年開業予定の北海道新幹線で、「奥津軽いまべつ」という新駅が誕生するので、これを祝うのぼりが町内の随所にはためき、軽い高揚感が漂っていた。

三厩湾に面した竜飛今別漁業協同組合へ向かい、波が穏やかな海に面した漁協の事務所で副組合長の野土一公さんに話を聞く。

野土さんは一九五〇年生まれで、十八歳の時からイカナゴの棒受け漁をしてきたベテラン漁師。棒受け漁は集魚灯を使って魚群を浮上させて下から敷網ですくい上げる漁法だ。

「イカナゴは今別沖の海底の砂地が産卵場所になっているが、いなくなった原因は獲りすぎたことに加え、水温の低下も関係していると思う。それと海中のコンブが減ったことも影響しているのではないか」

陸奥湾の現状について野土さんは次のように説明を続ける。

「イカナゴはヤリイカやアブラメなどのえさにもなるので事態はかなり深刻です。秋田のハタハタが漁民の禁漁でよみがえった例もあるので、『そんなことをしたら生活できない』と反対する意見も強かったが、全面禁漁に踏み切らざるを得なかった」

今別町ではかつてはコンブが豊富に採れ、野土さんが子供の頃はコンブ採りを手伝うため、小学校が休みになるほどだった。それがいつのまにかコンブは少なくなり、替わりにワカメが増えるなど、海の中の環境も変わってきているという。

港の脇の空き地で晴天の日にイカナゴをじゅうたんを敷くように並べる天日干しはかつて春の風物詩だったが、今ではその光景を見ることもなくなった。

青森のイカナゴ漁はピーク時の一九七三（昭和四十八）年には一万一七四五トンの漁獲があったが、八〇年代以降減少し、一時期回復したものの二〇一二年の漁獲量はわずか一トンにまで落ち込んだ。

漁獲金額でいえば、一九七七年の約一一億円から約四〇万円にまで減ったというから事態の深刻さが伝わってくる。

青森県水産振興課の吉田由孝課長は「一番の影響は気候変動（水温の低下）とみられるが、乱獲が拍車をかけたことも確か」と語り、二〇一二年の湾内の親魚数を一〇〇〇万匹と推計して、これを三億匹まで回復させたい、としている。

そうした陸奥湾のイカナゴ漁について、三重大学生物資源学部の勝川俊雄准教授が二〇一三年二月十四日付の公式サイトで次のように警告した。

「漁業が成り立たなくなって、禁漁してもしなくても、変わらないぐらい魚が減ってから、ようやく禁漁にしたのである。ノーブレーキで壁に激突してから、ブレーキを踏んでいるようなものです。これをもって、美談とするのは大間違い。むしろ、『なんでここまで減らしたのか』を考えて、再発防止をしないといけない」

辛口のコメントだが、陸奥湾のイカナゴに限らず、日本各地で漁獲が激減している魚種があれば、漁業者は対策を真剣に考えるべきだろう。

ところで、イカナゴについては愛知県の伊勢湾と三河湾で一九八〇年代の初めごろに資源を回復させた例があったのである。

両湾の潮流が混ざり合う海上に浮かぶ篠島――。渥美半島の突端にある伊良湖岬から高速船で二〇分の距離にある周囲約八キロの島は、シラスの水揚げ高が三一一〇トンと日本一を誇り、イカナゴ（コウナゴ）も年間約二〇〇〇トン獲れる。

フグやタコが愛知県では一番水揚げされるほか、伊勢神宮へ奉納される御幣鯛《おんべだい》と呼ばれるマダイも水揚げされる。

そんな漁業の盛んな島にある「愛知県しらす・いかなご船びき網連合会」の事務局を青森の今別町を訪ねてから一カ月後に訪ねた。

一九七〇年代後半、黒潮の大蛇行と乱獲で漁業崩壊の危機に立たされたと言われるほどイカナゴが減り、湾岸の漁協は七九年から三年間全面禁漁に踏み切り、資源をよみがえらせた先進地なのである。

船びき網連合会はその後も禁漁区の設定や産卵親魚の保護管理を徹底してきた結果、二〇一〇（平成二十二）年三月にはイカナゴの資源管理に対する取り組みがマリン・エコ・ラベルの水産エコラベルに認定された。

会長の高塚武史さんは「何よりも産卵する親魚を残すことが大事で、一か月認められた操業期間中に三日しか漁をしなかった年もある。青森の漁師も本気で禁漁をすればイカナゴはきっと戻ってくる。手を抜かず頑張ってほしい」と陸奥湾の漁師にエールを送っている。

◉ハタハタの厳しい現実――男鹿

雪が降り積もる秋田の日本海側の冬の風物詩といえば、年の暮れのハタハタ漁に尽きるだろう。

雷鳴が海に響き渡ると、沖から浅瀬へ産卵のため押し寄せた魚を獲るために浜辺は漁師が船を繰り出し、家族が総出で水揚げを手伝って賑わいを見せる。

江戸時代後期の旅行家、菅江真澄（一七五四―一八二九年）はその光景を目にして「荒れに荒れて、鳴神などすれば喜びて群れりけるとぞ。しかるゆえに、世に、はたた神という。……文字の姿も魚と神とを並べたり」と旅日記の中に書いている。

ハタハタの稚魚はブナの森で知られる白神山地の川から栄養豊富な水が流れ込んだ日本海で育ち、また自分の生まれた海辺に産卵のため帰ってくる。サケが川へ戻ってくるのと同じような帰巣本能が発達しているのだ。

脂がよくのったハタハタは塩焼きにしたり、魚醤にしてしょっつる鍋、発酵食品のハタハタずしにしたりと、どうやって食べてもおいしく、秋田県民ならずとも神に感謝したくなるような魚である。

二〇一三（平成二十五）年の暮れも近づいた十二月十二日夕、秋田県男鹿半島の北浦・相川漁港。横殴りの雪が吹き付け、路面は凍り付く。港沿いにある番屋の中にはハタハタ漁で待機する漁師たちが毛布にくるまって休息を取っていた。

「おかしい。去年はすごく獲れたのに今年はさっぱりだ。潮の流れが変わったのか。それとも水温の変化が関係しているのか。こんな経験は今までしたことがない」

こうつぶやいたのは一九四一（昭和十六）年生まれで、半世紀以上ハタハタ漁を続けてきたベテラン漁師の戸嶋貴さんだ。

ハタハタは成長が早く、卵から孵化して一年で体長一三センチ、二年で一七―一八センチ、三年で二〇センチを超える。漁獲の主体は二、三年魚で、寿命は五年程度。メスは一生に二回産卵する。

日本海と北海道に分布するが、秋田では例年男鹿半島の突端に近い北浦、相川で獲れ出し、それから西へ回る形で、船川でも水揚げされるのが通例だ。ところが、この年は順番が逆で、船川で大量にとれながら、北浦、相川で漁獲された時期は遅く、水揚げ量も少なかった。

ハタハタは秋田県沖の日本海の水深二五〇メートル前後に生息しているが、十二月初旬になり水温が一三度を下回ると、海藻のホンダワラ類に卵（ブリコ）を産み付けるため浅い岩場までやってくる。特に天気が荒れて、低気圧が来て海の中までかき回されるような状態になる

かじかむ手で、ハタハタのオスとメスを仕分ける（秋田県男鹿半島の北浦漁港）

と、ハタハタの動きは活発になるという。

この年は十一月二十八日に漁が解禁になり、一週間ほどは平年並みに漁獲はあったが、それからはシケが続き、ようやく海が穏やかになった日に北浦へ取材に入ったのだった。

次のシケが近づいていたので、「今が沖へ出るチャンス」とばかり、漁民の動きは慌ただしかった。

午後九時くらいから漁師は裸電球の明かりが灯る港に集まり、約二〇隻の船が一斉に動き出した。「戸嶋さんも「第十一豊龍丸」の船上で仁王立ちになって港から約四〇〇メートル沖合を目指す。漁港の堤防のすぐ近くが漁場という感じだ。

ここに仕掛けた移動式の小型定置網からピチピチはねるハタハタを漁船へ移して、船倉や甲板が魚で山盛りになったら港へ戻る。

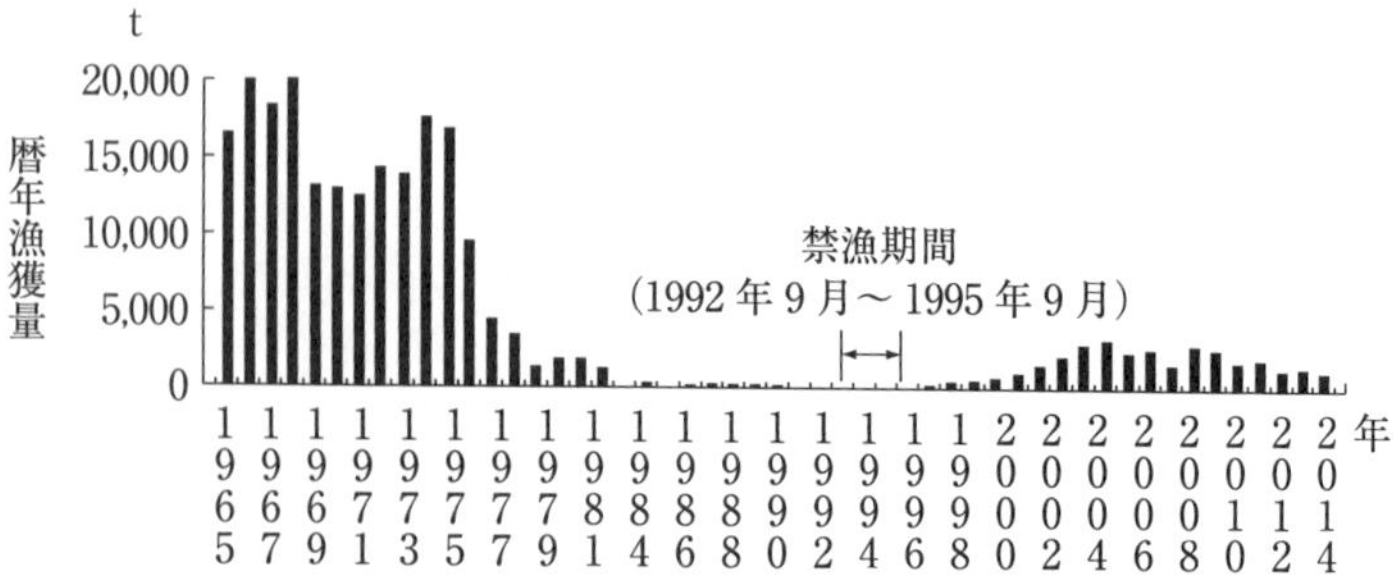

図11　秋田県におけるハタハタ漁獲量の推移

資料：秋田県農林水産部水産振興センター
出典：美の国あきたネット（秋田県公式Webサイト）

そして再び沖に船を繰り出して網からハタハタを取り上げる。一晩に浜と沖を数回往復して、水揚げされたハタハタを家族らが雌雄や大きさ別に仕分けする作業に追われ、港は夜明けまで活気にあふれた。

結局、この年二〇一三年の漁獲量は前季比三・五パーセント減の八九八トンで、過去一〇年間では二〇〇七年の七六五トンに次いで二番目に低かった。

その理由について地元紙の「秋田魁新報」は県水産振興センターの話として「本県南部から津軽半島にかけての北向きの潮流が例年に比べかなり強く、ハタハタが青森県沖に回遊した可能性がある」（二〇一四年三月十三日付朝刊）と報じている。

日本水産業の長い歴史のなかで、資源保護の実践例として評価が高いのが、秋田のハタハタ全面禁漁だ。

「ハタハタなしで正月は迎えられない」とまで秋田県民がいう魚の漁獲量は一九七〇年ころまで一万トン以上あったが、一九九一年には七〇トンまで激減した。

戸嶋さんはこのころを次のように振り返る。

「浜ではハタハタが大漁で連日にぎわい、岸辺にはブリコがびっしり付いていた。魚であふれた木箱を国鉄の駅まで運ぶために道路がつくられ、ハタハタ道路と呼ばれたほどだった。それがさっぱり獲れなくなるとは誰も思わなかった。獲り過ぎではなくて、自然の周期でまた元に戻ると漁師は思っていた」

そんなハタハタの生態について熱心に研究を進めていたのが秋田県水産振興センターにいた杉山秀樹研究員で、冬の海にウエットスーツを着て潜ってハタハタの様子を調査したり、潜水調査船「しんかい2000」に乗り、水深約三七〇メートルの海底で、稚魚の行動を観察するのに成功したりした。

長年の観察結果からハタハタが激減した理由について、杉山さんは「一度に一〇〇万個の卵を産むタイやヒラメと違ってハタハタは一〇〇〇個ほどしか産まない。それも浅瀬へ来て産卵しているところを一網打尽にするのだからいなくなったのは当然。乱獲を止めなければ。ハタハタを残すための種火を灯し続ける必要がある」と言って漁協の関係者に禁漁の必要性を訴えて回った。

しかし、漁民の間では
「ハタハタを獲らなければわれわれの生活は成り立たない」

「禁漁をすればハタハタは戻って来るという保証はあるのか」

「秋田が禁漁にしたって他県の漁民がハタハタを獲るのは不公平」

「ハタハタが減ったのは獲りすぎだけでなく、藻場を埋め立てた影響もあるだろう」

などと反発も強く、

「だいたい、研究者にハタハタの何が分かるというのか」

とかみついてきた漁師には、

「だったら、ハタハタが海底でいくつ卵を産むか知っているのか」

などと応酬しながら、互いの信頼関係を深めていった。

最後には「まとまった産卵場所があるのは秋田の海だから仕方がない。今こそ辛抱の時だ」と漁民も理解を見せるようになり、最終的に一九九二年十月から三年間、ハタハタの全面禁漁に踏み切った。

秋田県の海はハタハタ以外にも生息する魚種が豊富で、禁漁中にトラフグが大漁だった時は「神様が助けてくれた」と皆大喜びだったという。

杉山さんは一九五〇年東京生まれ。東京水産大学を卒業後、秋田県庁に入ってからハタハタの調査に従事してきたが、三年後の解禁の日に自宅へ漁業者から宅配便で送られてきた箱にハタハタがどっさり詰められているのを見て、「神の魚が帰ってきた。漁師のみんなが頑張ったからだ」と思って、男泣きに泣いたという。

現在、秋田県立大学で客員教授を務める杉山さんは「秋田の沿岸で生まれたハタハタは、新潟県の佐渡島から青森県沖の範囲で成長し、再び秋田へ戻る。それもほぼピンポイントで自分の生まれた産卵場所へ回帰する性質を持っているので、地先の資源を保護することが何よりも大事」と説明する。

三年間の禁漁と稚魚放流、割り当て漁獲量を守る——などの成果もあって、秋田のハタハタはよみがえり、この十年間は漁獲量が三〇〇〇〜一〇〇〇トン台を推移してきた。

ところが、「あれだけ苦しい思いをして復活させたハタハタに新たな問題が起きている」と語るのがJFあきた北浦総括支所長の飯沢勉さんで、次のように続ける。

「漁獲が減った一九八三年ごろから禁漁期間を含め一五年くらいの間、ハタハタが県内にも大衆魚としてあまり出回らなかった。このためハタハタの味を知らないまま大人になった県民もいたわけで、自分の子供にもハタハタを食べさせない。結局消費が戻らず、価格が下落したままというのが悩みのタネになっています」

秋田の漁師はかつて県内に三〇〇〇人いたが、現在は一〇〇〇人を切り、このうち七、八割がハタハタ漁に従事しているという。それも専業ということではなく、農業に従事しながらという半農半漁のケースも少なくないという。

地魚を食べて、漁業を盛りたたせる活動を続けている杉山さんは「ハタハタの生態は謎が多く、今回のような、北浦、相川でハタハタが獲れなくなるような現象はまた起きるかもしれない。一八センチ以下の小さい魚は獲らず、割り当てられた漁獲量を守るという当たり前のことをやることが宝の魚の未来につながると思う」と話している。

この取材から二年後の二〇一五年十二月、秋田のハタハタ漁はさらに厳しい現実に直面することになった。今季の推定資源量が昨季の半分以下の二〇〇〇トンとなったため、漁獲枠が八〇〇トンに減らされた。

漁獲枠が一〇〇〇トンを下回ったのは一七年ぶりで、朝日新聞十二月十八日付夕刊は、資源量が減少した原因について県水産漁港課の話として「温暖化でハタハタが産卵する海藻類が減り、資源量の減少を招いている」と伝えている。

秋田市内の郷土料理店では、ハタハタ料理の値段が高騰して観光客は驚き、庶民にとっても家庭で気楽に手が伸ばせる存在ではなくなっているそうだ。

資源回復に向け、秋田県は補正予算を組んで産卵場所となる人工海藻の設置などに乗り出し、担当者は「再び禁漁に追い込まれる前に、漁師と手を組んで県民の財産を守っていきたい」と話しているという。

◉甘エビを資源管理——佐渡

日本海に浮かぶ佐渡島でおけさ柿が朱色に色づく二〇〇六（平成十八）年の秋、民俗学者・

宮本常一（一九〇七―八一年）の足跡をたどる旅をしたことがある。生誕百年の特集記事を書くためだ。

おけさ柿は宮本の尽力で島内に普及した特産品で、地元の民具約三万点を集めた小木の民俗博物館も地域おこしの模範例として注目された。小木の山中に拠点を置く打楽器集団「鬼太鼓座」（「鼓童」の前身）は宮本から「君たちは海外でちんどん屋をやりなさい」とはっぱをかけられ、世界中で活躍している。

宮本常一は「あるくみるきく」の精神で、地球を四周するほど歩き、地方の生活向上に貢献したが、佐渡でもいたるところに足跡を残しており、この時はそうした場を訪ねる観光客とも出会った。

しかし、寒さの厳しい二〇一三年一月に漁業の取材で再び佐渡を訪れた時には島全体が眠っているかのようで、観光客の姿を見ることはなかった。夜の歓楽街も閑古鳥が鳴いていた。

佐渡島の南岸に当たる赤泊港は、江戸時代に北前船の寄港地として栄えた歴史のある町だが、この季節は本州の寺泊港との間を一時間で結ぶ高速船も運休になり、新潟港から両津経由で入るためには半日がかりの旅となるのだった。

毎年夏、海に浮かぶ土俵の上で熱戦が繰り広げられる「日本海海上大相撲」で有名な赤泊はホッコクアカエビ（甘エビ）の水揚げ地としても知られ、越後の銘酒「北雪」の酒蔵があると

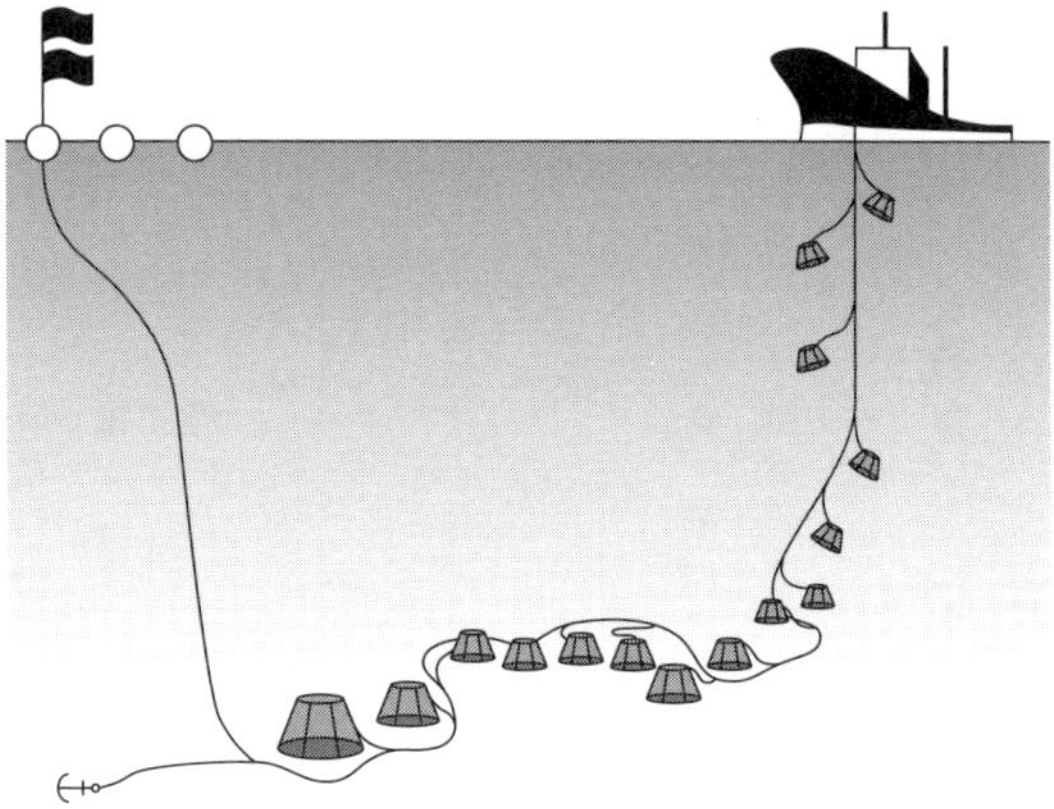

図12　エビかご漁のイメージ

＊海底にエサを入れたかごをしかけて、おびき寄せられたエビを捕獲する。

出典：小松正之『日本の海から魚が消える日』マガジンランド

ころである。

そんな観光の名所で二〇一一年九月から、漁業者か漁船に甘エビを一年間に漁獲できる量を割り当てる県主導の新しい資源管理制度がスタートした。

「夜間、海面に集魚灯を近づけても反応がない。佐渡は死の海になったのでは、と思うくらい魚が減ってしまった。巻き網や魚を見つける計器類の進歩で魚を獲りすぎた。

明らかに乱獲が原因で、漁師は皆そのことに気付いているが、口に出そうとはしない。伝統のアカエビ漁を次世代に引き継ぐ責任を感じ、遅ればせながらも資源管理を始めたのです」

こう語るのは、半世紀にわたりエビかご漁をしてきた中川定雄さんだ。一九四一（昭和十六）年生まれで、小学生の時から祖父と沖へ出るのが好きで高校を二年で中退して漁師になった。一時期、福井へ行き、大型船に乗り大和堆《やまとたい》でイカ釣りをしたこともあるが、基本的に佐渡でエビかご漁一筋でやってきた。

「星丸」（一四トン）と「第五星丸」（一九トン）の二隻のエビかご船を持ち、新潟県えび籠漁業協会の会長を務める。

佐渡ではかつてイカ漁が盛んで集魚灯を競うようにともしたため、燃料代がかさんで共倒れが相次ぎ、甘エビ漁に転換する漁師が増え、エビの乱獲も問題になってきた。

佐渡にはかつてエビかご船は四〇隻あったが、現在では一五、六隻に減り、そのうちの六隻が赤泊を母港にしている。

中川さんの操業海域は港より六、七キロから一二、三キロ沖合の佐渡海峡で、水深四〇〇メートルの海底にサンマやサバの切り身を入れたかごを沈め、エビを誘い込む。午前一時半に出漁し、沖で半日操業し昼前に戻るという仕事だ。

甘エビを獲るエビかごとベテラン漁師の中川定雄さん（新潟県・佐渡島の赤泊港）

甘エビは色が赤く、唐辛子に似ていることから南蛮エビとも呼ばれ、深海の「赤い宝石」の別名も持つ。新潟県での漁獲割合は中川さんのような佐渡沖のエビかご漁が四〇パーセント、新潟北部および佐渡北方海域の沖合底びき網が三〇パーセント、上越地区の小型底びき網が三〇パーセントとなっている。

佐渡海峡は底引き網漁については禁止されているので、エビかご漁は周年操業が可能だが、七、八月は底引き網漁を休む他の海域に合わせて操業は自粛している。

「甘エビは一般の魚と違って値段の変動が激しい。海がシケた時や漁が少ない時には二、三倍に上がるかと思えば、大漁の時は半分から三分の一になる。鮮度が大事なので刺身かすしネタにするのが一番よく、地元新潟県が一番消費している」

中川さんがこう話す甘エビの資源量は、新潟県での漁獲高は北海道、石川県に次いで全国三位で、一九七二年には一二五〇トンと過去最高の水揚げを誇ったこともある。

しかし、それから減少を続け一九九一年には二三九トンと最低に落ち込み、二〇〇二年以降は五〇〇トン前後を推移し、小型エビの漁獲が目立つなど、資源環境は厳しくなっている。


そこで新潟県が行政主導の形で赤泊の四漁業者を対象に取り入れたのがIQ方式で、過去五年の年平均漁獲量より二パーセント少ない漁獲枠を設定し、エビかごの網目も大きくして生後四年未満の小さなエビを逃がすようにした。

「漁獲量が減ったのは痛いが、枠ができたことで、漁業者同士が無理な競争をしなくなった。安値になりそうな日は漁を休んで供給量を調整できる。小さいエビを獲るより、大きなエビを獲る方が所得も上がる。成果が出るまでこれから一〇年はかかるだろうが、今は我慢の時と思う」と中川さんは語る。

ＩＱは英語の「Individual catch Quota」の略称で、個別割り当ての意味。魚種ごとに定めたＴＡＣ（漁獲総量）を漁業者や漁船ごとに配分する方式で、海外では広く取り入れられているが、日本で行政が主導する形で導入されたのは初めてという。

海外の漁業事情に詳しく、新潟のＩＱ導入検討委員会で座長を務めた元政策研究大学院大学教授の小松正之さんは「日本の漁業が衰退してきた理由は、漁獲の自由競争を放置してきた結果による」として、次のように話している。

「外国の例を見れば、ノルウェーのように資源管理をきちんとして激減したニシンとマダラを復活させた例もある。漁業者も高収入を得るようになり、漁業は若者にも人気の職業になっている。日本での平均年収は二〇〇万円程度で、これでは古くなった漁船の買い替えもできない。

科学的な視点で海の資源量と向き合うことが大事で、漁業者の根本的な意識改革が経営安定や後継者確保へとつながっていく。新潟のＩＱにならう動きが各地へ広がり、豊かな海を取り戻すことができれば」

中川さんも当初は資源管理については懐疑的だったが、小松さんと北欧へ視察に出かけ、現地の実情に触れて資源管理の重要さを理解するようになったという。

◉ブランドガニが定着――越前

新潟からJRの特急「北越」に乗って日本海沿いに南下を続けた。太平洋側と違って民家もまばらで、白波が立つシケの海が車窓に広がる。「キトキト（生きがいい）の国」と呼ばれる富山に入ると、雪をかぶった北アルプスの峰々が左手に見えてきた。

この季節、対馬暖流が富山湾へプランクトンを運び込む影響で、ブリがよく太る。定置網に入ったブリは刺身や焼き物にして旨いのはもちろんだが、脂ののったブリをさっと煮立った出し汁にくぐらせていただくしゃぶしゃぶも捨てがたい味だ。

雪の北陸は美味な魚の宝庫だが、その筆頭は何といってもズワイガニに尽きるだろう。冬の断崖に咲く日本水仙と越前ガニを観光の目玉にする福井県越前町へ、カニを追う人々を訪ねた。

二〇一四（平成二十六）年十一月十一日朝のNHKは、越前ガニの水揚げ光景を全国中継で伝えていた。六日に解禁され、この日までに一三万匹のカニが越前町漁協の市場に運び込まれ、仲買人らの競りで活況を見せる場面で、漁協の幹部が「過去に記憶がないほど多くの雄ガニが獲れ、昨日は漁を休みにしたほど」と興奮気味に語っていたのが印象に残った。

私が越前町を取材で訪れたのはその前年の二月初めで、斎藤洋一組合長に話を聞かせてもらった。福井県内のズワイガニは越前、三国、敦賀、小浜の各港に水揚げされ、そのうち全体の六割を越前町漁協が扱っている。

日本海で漁獲されるズワイガニは、脱皮した雄が特に高値が付き、福井で獲れたカニは「越前ガニ」、山陰地方と兵庫では「松葉ガニ」、京都では「間人《たいざ》ガニ」などと、その土地固有の名前で呼ばれる。

漁期は雄ガニが毎年十一月六日に解禁となり、翌年三月二十日まで。雌ガニは資源保護のため、翌年一月二十日には禁漁と法律で定められている。

福井市中央市場に水揚げされた越前ガニ

越前町漁協には小型底引き網船が四六隻、大型の沖合底引き網船が六隻所属していて、越前港から一〇―四〇マイル沖の水深二三〇―四〇〇メートルの、岩礁や砂泥が混ざる海底で網を流してカニを獲っている。

「うちの漁場は港から一時間ほどの沖合なの

で、日帰り操業が可能です。カニは水ものといって水分が命なので、獲ってから時間が立つとスカスカになってしまう。前夜出港して翌朝までに港へ戻れるので、鮮度抜群のカニを水揚げできるのが強み」と斎藤組合長は越前ガニと他県産ガニとの違いを強調する。

福井のズワイガニ漁は安土桃山時代の一五〇〇年代に始まったとみられ、手漕ぎ船でカニを獲っていた江戸初期には漁村で食用にされていた。一九〇九（明治四十二）年から宮内庁の東宮御所へ届けられ、現在は三国港のカニが献上されている。

そうした歴史を持つ越前ガニだが、福井県全体の水揚げ量は一九六二年の二一〇〇トンをピークに、五〇〇トン（一九七〇年ごろ）、二五〇トン（一九八〇年ごろ）と減り続けた。

高度成長の頃から味の良さが注目され、高値で取引されるようになったが、大きく成長するまでに一〇年以上かかるため、漁獲高が増えるとともにカニの資源量は急速に減ったのだった。

「中学を出て祖父の船に乗った当時は、カニは海のどこにでもたくさんいた。それが便利な魚群探知機が入ってきてカニをどんどん獲るようになり、乱獲が原因で数が少なくなったのだと思う」と振り返るのは、地元でカニ漁を四〇年以上続ける小林利幸さんだ。

越前ガニの将来を心配した小林さんたちは漁期を短くしたり、特産のアカガレイを底引き網で獲るときは、カニを混獲しても抜け出るよう改良網をつくったりしたこともあるという。

その後、専用の魚礁を海に沈めるなど独自の努力を続けるうち、平成に入ってからは資源量も回復してきて、現在の水揚げ量は五〇〇トン前後に落ち着いているという。

ズワイガニは深い海に生息するので養殖ガニは出回らないものの、バブル期のころからロシア産などの安価な冷凍ものが輸入され、都会では本場の越前ガニと混同される事態も起きてきた。このため、越前町漁協は一九九七（平成九）年から雄ガニの足の親指に黄色いタグ（識別票）を付けて流通させることにした。

これにならうようにして、日本海側の各県で取れたカニには青や緑、オレンジ色のタグがつけられて流通することになった。

越前ガニは水揚げ後、他の魚介類と違って消費地市場へはほとんど送られず、産地の仲買人が競り落とした活《い》けのカニをその場でゆで上げてカニ専門料理店へ直接販売したり、全国の消費者へ宅配したりしているのが特徴だ。

高品質なブランドガニはこうして産地直売に近い形で誕生したが、越前町漁協の斎藤組合長はカニ漁の厳しい現実について次のように続ける。

「日本海でカニを獲っていると何かと注目されるが、私らの収入はけっして良くない。会社員なら四〇〇万から五〇〇万円の年収があるのに私らの漁業収入は三〇〇万から三五〇万円程度。それに持ち出しも多く、今は重油の高騰で頭が痛い。水揚げが一〇〇万円あっても燃油と資材の経費で五〇万円が消えていく。国には原油・重油対策を一番に取り組んでもらいたい」

日本海西部でズワイガニ漁について二〇一四年八月、大きな動きがあった。石川県沖で長年獲っていた脱皮後間もないミズガニについて福井の底引き網船も次年から操業の自粛を決めたのだ。

ミズガニは福井ではズボガニとも呼び、甲羅の大きさが一〇センチ以下のものを軽く湯を通すとみずみずしい味がして、県民食といっていいほど愛好されているが、脱皮して堅いカニになった一年後に漁獲すれば価格が一〇倍にもなる。

資源保護のため長年自主禁漁してきた石川の漁師の呼びかけに、福井側もようやく同調した形だが、福井県沖のミズガニ漁についてはそれまでの期間の半分に限定して操業は続けている。

ミズガニの禁漁は京都や山陰でも取り組んでいるので、福井の決断を「遅まきながらも」と評価するのは日本海の漁業を二〇年以上見守ってきた福井県立大の加藤辰夫教授（食品流通論）で、福井の水産業の近況について次のように紹介する。

「バブル経済がはじけてから魚価は安くなり、若い人が参入してこられなくなったことが一番の問題で、どこも後継者対策が深刻だ。

それと、無理に市場へ出してよその産地と競争しても仕方がない、と地元で消費する動きが出てきた。小浜で養殖したトラフグを冬場に客へ出して賑わっている民宿がある。夏場の海水浴客相手の経営から周年営業が可能となった六次産業化の成功例として注目できると思う」

こうした民宿は冬の間はフグに加えて越前ガニも出すので、首都圏に比べ距離が近い関西方面からの顧客をつかみつつある。

◉公設市場の魅力訴え——萩

北陸と同じ日本海側といっても、山口県まで来ると水揚げされる魚種もズワイガニからフグなどへとだいぶ変わってくる。

二〇一三（平成二十五）年九月、瀬戸内海の取材を終え、山陽新幹線の新山口駅で下車しバスで中国山地を縦断して、歴史ある萩市に入った。

吉田松陰や伊藤博文など幕末から明治にかけての変革期に多様な人材を輩出した古都は、人口約五万二〇〇〇人。萩城の城跡や武家屋敷なども残る落ち着いた町だが、近年水産都市としての存在が注目されている。

過疎地も含め、各地にある「道の駅」は全国に一〇〇〇か所以上あるが、その中でも際立つのが「萩しーまーと」だ。

道の駅といえば、観光客を相手にしたところが多いが、しーまーとでは、山口県最大の産地市場である萩地方卸売市場に隣接しているため、ここに水揚げされた地魚を直売するのが特徴で、地元の主婦たちで連日賑わっている。その様子がグルメ番組などで繰り返し伝えられ、観

道の駅「萩しーまーと」駅長の中澤さかなさん。自慢の地魚ポスターを背景に（山口県萩市）

光客も全国から大型バスで詰めかける。

二〇〇一年四月の開業で、二〇一二年度の来訪者数は一五〇万人、売上高は一〇億円に達したというから驚きだ。

「論語の中に『近き者説《よろこ》び、遠き者来《きた》る』という孔子の言葉があるが、それを地で行ったような展開になりました」と語るのは、駅長に公募して採用された中澤さかなさんである。

一九五七年、滋賀県東近江市生まれ。関西学院大で水産地理学を専攻し、卒業後にリクルートホールディングスで情報誌の編集長などを務めてから二〇〇〇年春に転職した。その際、魚の世界で生きていくため、本名の「等」ではなくて「さかな」を名乗ることにしたというから気合が入っている。

「萩は住んでみると、穏やかな時間が流れるいい街やなという印象。文化と歴史があって、海もあり、自然も豊か。食べ物もおいしいし、地方都市ではトップクラスではないですか。毎日ネコと城下を散歩するのが楽しみです」

萩の印象をこう語る中澤さんが、道の駅の責任者として考えたのは次のようなことだった。
「全国の道の駅をマーケティング調査した結果、観光客向けの土産市場ではやがて行き詰まると感じ、地元市民を対象にした公設市場的なものを考えたのです。

萩の漁港には二五〇種類もの多種多様な魚が水揚げされながら、その多くが地元に出回ることはなかった。地魚は鮮度が高く、味も良いし、輸送費もかからないので、スーパーに並ぶ他県産や輸入物より優位性があると判断し、これを利用しない手はないだろうと思いました」

地産地消が語られ始めたころのことで、道の駅が地元の主婦らでにぎわうと、市内の大手スーパーでも意識的に地魚コーナーを置くように変わっていったという。

こうして、「しーまーと」では、現在来場客の五割が地元市民、八割が山口県民という、従来の道の駅とは違った構図が出来上がっていった。

中澤さんが同時に取り組んだのは、知名度が低くても、鮮度が高くておいしい地魚を萩の特産品として首都圏に売り込んでいくことだった。

その第一号が、二〇〇六年度にブランド化した「萩のマフグ」だ。マフグは全国一の水揚げ量を誇り、トラフグに負けない味を持ちながら、知名度が低く、価格はトラフグの十分の一にしかならなかった。そんなマフグを「フグの女王」として売り出して、東京の六本木ヒルズなどのイベントにも積極的に出店して名前を広めていった。

山口県延縄協議会会長の吉村正義さんは「マフグはトラフグと違って養殖ものはなく、すべてが天然。おいしく、値段も高くないということで、買ってくれる人が増えていった。地魚の宝庫、萩の名を全国に知らせてくれた恩人」と言って中澤さんに感謝している。

ついで、ブランド魚になったのが、長崎県対馬市に次いで漁獲量が多いアマダイで、ピンクがかった魚体が美しいことから萩の漁師は親愛の情をこめて「べっぴんさん」と呼ぶ。

一匹ずつ釣り上げ、魚体に触れると痛みやすいので、釣り針が付いたままの状態で出荷する。上品な脂と繊細な甘味が魅力で、刺身にしたり、薄味の料理に調理したりして食べるのがお薦めだ。

フグやアマダイが美味なことは誰でも知っているが、それまで雑魚として市場の片隅に並んでいたヒメジを食べた時の中澤さんの驚きは大変なものだったという。

地元では金太郎と呼ばれ、大きくなっても二〇センチほどの小魚だが、上質の白身はマダイより濃い旨味があって、紅色の魚体は会席料理の一品としても見映えがする。

それでも地元では塩焼きや煮付け、天ぷらなど家庭の惣菜魚として使われていた。

この不思議な魚の正体は何だろう、と文献資料を漁るうち、地中海沿岸で漁獲され、南欧料理に使われる高級白身魚の「ルージュ」という魚の近縁種と分かった。東京・青山のフランス料理店にヒメジを送ったところ、「これはまさに、あのルージュ。日本で出会えるとは。料理人としても楽しみな魚種です」とシェフを感激させたという。

中澤さんは金太郎をオイル漬けなどにして名物化することに成功し、ローマ法王にも献上した。「平成の出世魚」とまで呼ばれるゆえんである。

萩を訪れた二〇一三年秋は、魚介類の輸入へ道を開く米国主導の環太平洋連携協定（ＴＰＰ）の行方が水産業界では関心を集めていたが、地魚を愛する水産の町ではその話題を聞くことはほとんどなかった。

ＪＦ全漁連（全国漁業協同組合連合会）は各都道府県の漁師自慢の魚を「プライドフィッシュ」と名付け、紹介する取り組みを二〇一四年から始めたが、これは中澤さんたちの活動に刺激を受けてのことである。

水産小百科⑤ 資源管理と北欧漁業

日本の漁業生産量は一九八〇年代に一二〇〇万トンと世界一を誇りながらも二〇一〇年代には三分の一にまで減少した。これに対し、世界の漁業生産量は増加の一途をたどっている。なぜ日本漁業は衰退したのか。乱獲や海の環境変化などにより水産資源が減少したからで、水産白書も二〇一五年に「資源管理」を初めてメーンテーマに取り上げた。

東日本大震災後、漁業改革の参考例とするため、北欧ノルウェーを視察する関係者が増えている。同国では一九七〇年代に早獲り競争による乱獲でニシンが枯渇したため、漁獲規制を続けて八〇年代に総漁獲枠（TAC）を設定した。九〇年から漁船ごとの個別漁獲割り当て制度（IQ）を導入した結果、ニシン資源は回復し、同様に八〇年代後半から九〇年代前半に過剰な漁獲で激減したマダラの資源も復活させた。

それらに加え、サバやサーモンを日本などに的を絞って輸出し、ノルウェーは水産物輸出額が中国につぎ世界二位の水産大国に成長している。ノルウェーの漁船はどれも大型で、作業は省力化され、収益性が高いので、漁業は若者に人気の職業となっている。機械化された水産加工場や魚市場のいらない洋上入札システムなど、この三〇年で人口約五〇〇万人の小国が世界の水産先進国に躍り出た。

「三十年前に買い付けにやってきた日本の商社員らに品質管理を指導され、それがわが国の技術革新につながった」とはノルウェー水産企業幹部の言葉だが、日本人視察者の受け止め方は複雑だ。

「合理化の必要性は分かるが、弱小漁民に海から退場を促す仕組みに見える」、「漁船は食品加工工場のようで、魚文化を感じなかった」などの声も聞く。

IQ方式の導入について、水産庁は多様な魚種が同時に水揚げされる日本の沿岸漁業では小型魚の洋上投棄や監視取締費用もかかる点などを理由に消極的な姿勢を見せていた。遠洋マグロとベニズワイガニについて導入し、サバについて二〇一四年十月から試験的に開始しているのが現状だ。

『魚はどこに消えた?』(ウェッジ)などの著書を持つ水産ジャーナリストの片野歩さんによると、欧米では総漁獲枠のTACはABC(生物学的漁獲許容量)を超えない範囲で決めるが、日本では漁業経営へ配慮してTACがABCを上回っているケースもあるという。

日本では約三五〇種に及ぶ漁業対象魚種のうち、TACが設定されているのはサンマ、スケトウダラ、マアジ、マイワシ、サバ類(マサバ、ゴマサバ)、スルメイカ、ズワイガニの七種類。ニュージーランドでは九十八の魚種についてTACが決められているのとは対照的だ。

「こんなに甘いTACでは資源管理の役に立つはずもない。日本製の魚群探知機は世界中の船で使われているのだから、資源管理の面でも日本は世界の模範にならなければ」と片野さんは指摘する。

第六章 里海で暮らして

横浜で生まれ育った私にとって、瀬戸内海はあこがれの対象である。

半世紀以上前、海上自衛官だった叔父がスケッチブックにクレヨンで描いてくれた青い海に浮かぶ緑の島々の美しい光景が今でも忘れられないからだ。

新聞記者になり、民俗学者の宮本常一が書いた瀬戸内海に魅かれ、一九八〇年代に神戸支局に駐在した時には明石海峡にある漁村にタイやタコを獲る漁師の話を聞きによく足を運んだ。播磨灘へ赤潮や入浜権の取材に行った帰りには、国鉄姫路駅の地下にあるスタンドでメバルやカレイの煮付などを肴に地酒の「龍力」を立ち飲みするのが楽しみだった。

宮本常一の故郷・周防大島でタイの一本釣り船に同乗取材したり、岡山県備前市の日生でアマモの生育具合を観察するため、漁協組合長の船に乗せてもらったりしたのも懐かしい思い出だ。

東京へ戻り、久しぶりに訪ねる故郷の東京湾には横浜・八景島シーパラダイスという人工島が完成し、アナゴやシャコを獲る若手漁師が増えている現実には驚かされた。

◉やせる瀬戸内海

二〇一四（平成二十六）年の一月、ＪＲ瀬戸大橋線に乗り、岡山から香川へ渡ったが、夕日が瀬戸内海に沈む景色を見ながらビールをゆっくり飲むことができた。

雲仙、霧島とともに一九三四（昭和九）年にわが国初の国立公園に指定された瀬戸内海は、広大な海域に七二七もの島が浮かび、万葉の昔から歌にも詠まれ、人々に親しまれてきた。

かつて本州から四国へ行くためには宇野から宇高連絡船に乗って備讃瀬戸を渡って高松へ向かうのが一般的だった。乗客は船が出るや名物の讃岐うどんが売り切れては、と食堂目指して甲板を走りだしたものだ。

瀬戸大橋が架かり、一九八八（昭和六十三）年のＪＲ線開通で連絡船は廃止され、こうした慌ただしい光景はなくなった。だが、変わったのは交通手段だけではなかった。

足元の海で環境に重大な異変が起きていたのである。

真冬のこの時期に摘み取りが本格化する養殖ノリに、瀬戸内海の兵庫から山口、対岸の香川から愛媛の広い範囲でノリが黄色っぽくなる「色落ち」が目立ってきた。ワカメ

海水中の栄養分が足りずに白っぽくなった養殖ノリ（提供：兵庫県漁連）

にもこうした現象が起きている。

「明石ノリは色が黒く、ツヤもあって、口に含むとバリッとした歯ごたえがあるのが特徴。色が付かないノリでは味も悪く、商品にならない。海底の二枚貝も減ってきたし、春先に漁獲するイカナゴもやせてきて、これをエサにする特産の明石ダイへの影響も心配だ」と話すのは兵庫県明石市の林崎漁協組合長田沼政男さんだ。

明石海峡と淡路島を望む海で、自らも長年ノリ養殖を手掛けてきた田沼さんは次のように続ける。

「かつて瀬戸内海はお世辞にもきれいとはいえなかったが、ノリの色落ちを経験することなどはなかった。大阪湾から入って来る海水中の窒素やリンなどの栄養分低下が原因ともいわれている。ノリに栄養を与えるため窒素やリンを網に吹き付けたこともあるが、明石海峡は潮の流れが早くてすべてが流されうまくいかなかった」

海水中の栄養塩を食べ尽くす植物プランクトン・ユーカンピアの発生も瀬戸内海の貧栄養化に拍車を駆ける。


明治・大正期の教育者、新渡戸稲造（一八六二―一九三三年）が「世界の宝石」とまで称賛した瀬戸内海だが、戦後白砂青松の自然海岸の六割は埋め立てられ、平成に入ると沿岸には日本の全人口の約四分の一が居住するほど開発が進んできた。

高度成長期には石油化学コンビナートなどが垂れ流す産業排水や一般家庭からの生活排水によって水質の汚濁が進み、海底にはヘドロが堆積して油臭い魚が水揚げされ、環境汚染は深刻さを増した。

一九七二（昭和四十七）年には播磨灘で未曾有の規模の赤潮が発生して、養殖ハマチ約一四〇〇万匹がへい死し、七一億円もの被害を出した。

その二年後には岡山県の水島コンビナートで、三菱石油のタンクが割れて重油が沖へ流出し、瀬戸内海の三分の一を汚染する騒ぎとなり、瀬戸内海は「死の海」とまで呼ばれた。

赤潮は海の富栄養化により、海中の植物プランクトンが増殖して海を赤く染める現象で、一九六〇年代から急増し、一九七六年の二九九件をピークに近年は年間一〇〇件前後を推移している。

こうした事態を前に関西の一八大学の若手研究者が一九七一年に瀬戸内海の総合調査を始め、その成果は『瀬戸内海汚染』（岩波新書）にまとめられたが、調査団長を務めた立命館大教授の星野芳郎さんは結論として「すべての埋め立ての即時凍結を」と訴えた。

国も重い腰を挙げ、一九七三年に「瀬戸内海環境保全臨時措置法」を議員立法で制定し、五年後には排水規制などの対策を盛り込んだ恒久法に改正した。

「その結果、工場排水の制限や下水道が整備され、海へ流れ込む水はきれいになり、今の海の透明度は戦前の海に近い状態になってきた」と指摘するのは、兵庫県立水産技術センターの技術参与を務める反田實さんで、瀬戸内海の現状について次のように分析する。

「かつては富栄養化が問題となった海水中の窒素やリンが減少し、貧栄養状態になり、ノリが育たなくなってきた。ノリはアミノ酸のかたまりなので、成長するためには窒素が必要なのです。兵庫が養殖ノリ出荷日本一の座を佐賀などに譲り渡して久しくなる。

ノリの色落ちは一九八〇年代から見かけたが、一九九〇年代後半に入り頻繁に目につくようになった。栄養塩濃度の低下は海の生産力にも影響を与えていて、ノリだけでなく、底引き網でかかる魚介類も一九九五年ごろを境に急に減少してきている」

瀬戸内海では一九八五（昭和六十）年に昭和初期の三倍以上の一平方キロ当たりで八〇トンを超える漁獲高を記録したが、これをピークに漁獲量は減っていく。その理由を「魚の獲りすぎでは」と考えた漁業者は、資源管理や稚魚の放流などを進めてきたが、最盛期の半分以下の漁獲量に落ち込んでいるのが一九九〇年以降の傾向だ。

漁獲量減少の原因については海水中の栄養分低下だけでなく、「稚魚のすみかとなる干潟や藻場などの浅瀬を埋め立てた影響が大きい。瀬戸内法はザル法で、埋め立て抑制には何の役にも立たなかった」と指摘するのは、「播磨灘を守る会」の会長青木敬介さんだ。

同会は一九七一年に結成され、兵庫県御津町沖の播磨灘など一〇か所で定点観測を続け、鐘淵化学工業（現カネカ）高砂工場のＰＣＢ垂れ流しを告発し、火力発電所の温排水拡散を突き止めるなど、瀬戸内海の汚染状況を長年チェックしてきた。

青木さんは播磨灘の現状について「下水処理で使う塩素が海へ流れ込み、魚介類を皆殺しにしている。海の無酸素化が進み、ヒラメやカレイなどの底物はいなくなった。遊休地になっている埋め立て地を壊して、自然の渚を復活させるべきだ」と訴える。

瀬戸内海で魚が減った理由は、海の底から砂がなくなったことも関係しているとみられる。川にダムや堰が増え、海へ砂が流入しなくなっているのに加え、建築用に使う海砂の採取も影響が大きい。

海底の岩盤がむき出しになったところでは、アサリなどの二枚貝は生息できず、夏場には砂に潜って眠る習性のあるイカナゴも次第に姿を消していく。

兵庫県漁業協同組合連合会参事の突々淳さんは「『水清ければ魚棲まず』の事態が瀬戸内海で進行していて、このままでは海が枯れてしまう。排水規制を見直して海を再生させ、魚がたくさん獲れたかつての宝の海を取り戻すのが沿岸漁業者に共通の願い」と語る。

瀬戸内の漁業者は内陸の農業者に呼びかけてため池の水をかき出して海へ流す「かいぼり」という作業をしているのも、山から池へ流入した腐葉土には窒素やリンなどの栄養分が含まれているからだ。

そんな作業をする中、兵庫や岡山など瀬戸内海沿岸一〇府県の漁師が国に対して排水規制の見直しを求める「新瀬戸内海再生法」制定運動を起こした。

国会議員の間でも自民、公明両党を軸に議員立法で改正案を作成して二〇一四年六月に国会へ提出したが、暮れの衆院解散で廃案となった。自公に加え民主と維新も賛同し、修正案を出して二〇一五年九月、改正瀬戸内法が成立した。

旧法の水質保全の理念に加えて、生物多様性を確保し、豊かな海を目指すのが新法の基本理念となっている。

瀬戸内海沿岸漁民のエネルギーが国政を動かしたといえそうだが、海がやせた理由はそう単純ではないようだ。

独立行政法人水産大学校（下関市）で理事長を務める鷲尾圭司さんは京都大学の大学院で水産を専攻し、瀬戸内海でも潜水調査を続けてきた。若いころに明石市の林崎漁協で働いた経験もあり、それまで養殖ハマチのエサにされていたイカナゴをクギ煮にして商品化したり、需要の落ち込んだノリをコンビニの恵方巻きで使うアイデアを出したりしてきた。

それだけに、漁業の現場と消費者の動向に詳しいが、近年、「農業と海の貧栄養化の関係」が気になるという。

「一つの例として、ヨーロッパのドーバー海峡ではよく太ったアジが漁獲されるが、これは世界的に見て化学肥料使用量がダントツに多いオランダに面していることと関係があると思う。水産大学校の練習船を対馬海峡へ出して、東水道と西水道の調査を続けているが、栄養分に差があり、西高東低の状態で、済州島のサバのほうが長崎五島列島のサバより太っている。

アナゴやハモも韓国産のほうが国産よりも脂ののりが良く、料理店主の評判はいい。この現象をどう考えたらいいのか」

鷲尾さんは瀬戸内海で栄養分が低下している背景に、「耕作放棄地が増え、陸から海へ化学肥料の窒素やリンが流れ込まなくなった影響もあるのでは」と推測する。

日本では一九五五年あたりから、昭和の終わりまで食糧増産のために化学肥料を大量に使っていたが、平成に入ってからは肥料を多く使う野菜つくりは中国をはじめ海外へ移ったり、水田で耕作が放棄された場所が増えたりしたことが関係しているのかもしれない、と仮説をたてている。

中国の臨海部の化学肥料の単位面積当たりの使用量は、日本の平成以前の水準に達しており、その関係で海へ流れ込む肥料の栄養分も多く、沿岸部の海水の富栄養化が進んでいると伝えられる。

一時期、わが国の日本海沿岸に大きなエチゼンクラゲが大量に流れ着いたのも、そうした影響を受けていたとみられる。

◉首都の海で育つアマモ

好天に恵まれた二〇一三(平成二十五)年八月末の昼前、レジャーランド・八景島シーパラダイスを間近に望む横浜市の野島海岸。

「おっ、チビメバルが入ってるぞ」

「ゴンズイがかかった。毒がある。トゲに気をつけろ」

「今年はやけにアオサが多いな。海が緑色に染まっている」——。

磯の香りが鼻を衝く波打ち際から一五〇メートル沖のアマモ場で、NPO法人海辺つくり研究会（木村尚理事）のメンバー一二人が、底引き網の中へ入った魚やエビの様子をにぎやかに観察していた。

茎をかむとほんのり甘い味がすることから、そう名付けられたアマモは浅瀬に生える海草で、幅約一センチ、長さ一～二メートル。魚の産卵や稚魚の成育場所になるため「海のゆりかご」とも呼ばれ、光合成をして海水を浄化する。

アマモは東京湾のあちこちに生えていたが、臨海部の開発による海岸線の埋め立てで明治後期から現在までにアマモが育つ干潟や浅瀬の九割が姿を消していった、という。

そこで、「かつての豊かな海を取り戻そう」と二〇〇三年から野島海岸でアマモの植え付けを始めたのが同研究会で、アドバイスをしたのが神奈川県水産技術センター主任研究員の工藤孝浩さんだ。

この道三〇年の工藤さんが移植の経緯を次のように振り返る。

「アマモの植え付けが盛んな西日本では漁協や行政が力を入れるが、市民が主導したのが横浜の特徴。自然のなぎさが残る野島海岸なら再生も可能と考え、横須賀沖の天然藻場で採った

東京湾でアマモの生育具合を観察する人々。後方は八景島シーパラダイス（横浜市の野島海岸）

アマモの種子を苗に育てて、これを植え付けた。

赤潮に遭って全滅したり、アサリ掘りの市民にアマモ場を傷つけられたりしたこともあった。それでも、三年前の猛暑でも枯れることなく根を張り、このアマモが同じ東京湾のお台場や三番瀬へも移植されていったのです」

工藤さんたちが植えたアマモ場は約五ヘクタールの規模に育ち、地元横浜市漁協で冬場の底引き網漁の主力となるコウイカの産卵場所にまでなってきた。コウイカは墨をたくさん吐くことからスミイカとも呼ばれ、アオリイカと並ぶ高級すしネタになっている。

アマモ場には江戸前天ぷらの特上ネタに使われるギンポが泳いでいることも。「銀宝」と書き、体長二、三〇センチ。ウツボを小ぶりにしたような茶褐色の細長い魚だが、天ぷらにすると皮に独特の食感が生じて淡白ながら旨みが強いのが特徴だ。

首都の海・東京湾は、かつて『江戸名所図会』でも紹介されたように、豊饒な海だった。隅田川や荒川、多摩川など大きな河川が何本も流れ込み、山の腐葉土からしみ出した栄養分を海へ供給することから好漁場が形成されてきたからだ。

浅瀬が多い分、開発の舞台となりやすく、一九六二（昭和三十七）年に東京都の漁民がアサリやハマグリ、養殖ノリの漁業権を手放すと、沿岸部では大規模な埋め立てが一気に進んだ。

高度成長時代には重化学コンビナートから排水が流れ込み、瀬戸内海と同様に汚濁が進んだが、現在では水質はだいぶ改善されてきたようにも見える。

東京湾沿岸には一九六八年ごろ、二万三〇〇〇人余りの漁民がいたが、二〇〇八年ごろには四五〇〇人に減り、現在はシャコやアナゴなどを獲る専業漁師が大半だ。一九七〇年代に四万トンあった漁獲量は二万トン台に減ったが、それでも似た形状を持つ鹿児島湾をはるかにしのいでいる。

八景島シーパラダイスのすぐ近くにある柴漁港は、シャコとアナゴの水揚げで有名で、京浜急行の特急で品川から三〇分の金沢文庫下車という近距離の海にある。横浜市漁協所属の組合員約二五〇人には若者の多いことが特徴だ。

シーサイドラインが走る漁港の周囲にはしゃれたマンションや一戸建ての住宅が立ち並び、漁師一家が暮らす。地方の漁村とは違った光景が広がる。

しかし、彼らの近年の悩みはすしネタとして築地市場でブランド品扱いされるシャコが獲れなくなっている点だ。一九九〇年ごろまで一〇〇〇トン程度あった水揚げが二〇〇五年には五七トンにまで落ち込み、漁協では翌年から自主禁漁し、二〇〇八年から断続的に試験操業を繰り返すが、資源は回復していない。

シャコの不漁は小柴に限らず全国的な傾向で、漁獲量日本一の愛知県でも水揚げが激減しているが、原因は不明のままだ。

東京湾では近年、五月ごろから海水に溶ける酸素が激減する貧酸素水塊が羽田沖で発生して南方へと広がってくるため、シャコの稚魚が生まれても酸素不足で育たないそうだ。近くの富岡海岸に下水処理場ができて、海へ真水を流すようになってからシャコのほかにタコも姿を消したという。

横浜市漁協の小山紀雄組合長は「頼みの夏場のシャコ漁が芳しくないぶん、タチウオ漁などに力を入れているが、猛繁殖したクラゲが網に入り往生することも。それでも、底引き網で混獲されるシャコの数が増えてきた。いずれ漁を再開できる日が来るのでは」と話している。

その柴漁港直営の食堂では獲れたてのアナゴを使った天丼や煮アナゴ定食が地魚を買いに訪れた観光客に人気である。江戸前アナゴは身に含まれる脂質が他県産アナゴの倍はあるそうで、ふっくらとして風味が良いのが特徴だ。

小柴の漁師は、港の沖合から対岸の木更津沖にかけた海をアナゴの漁場にする。全長で一八キロにも連なる六〇〇〇本の筒に穴子を誘い込むのが伝統漁法だ。網で取るアナゴに比べていたみが少ないので、小柴のアナゴは寿司店や料理店で特に重宝がられている。

この筒は塩化ビニール製で、直径一〇センチ、長さ八〇センチ。入り口には返しが付き、アナゴが中に入り込みエサのカタクチイワシを食べると外へ出られないようになっている。底の部分に直径一三ミリの水抜き穴が開いていて、小さなアナゴは外へ逃げ出せるような仕掛けにしてあるのが特徴だ。

資源保護を考えた取り組みで、このアナゴ筒を千葉や東京の漁師も使うようになり、東京湾全域でアナゴの資源管理が行われている。

さらに小柴の漁師たちは一九七八年から二日間出漁したら翌日は休む「二操一休」のルールをつくり、「獲りすぎない漁業」のモデルとしても他地域の漁師から注目されている。

「東京湾ではマグロを除けば、たいていのネタがそろう。とても豊かな海なのだから、魚を大切にしなければ」と語るのは築地市場の場内で江戸前寿司を握る「大和寿司」店主、入野信一さんだ。

戦前生まれの入野さんは「江戸前の魚介類の特徴は、身がふっくらしているのと甘味がある点だ。ひ孫の世代までこの海を残していきたい。そのためにも海底に砂地を残し、海草も植えて資源の回復を図ることが大事だと思う」と話している。

東京湾内湾特殊物連合会が扱っている江戸前の魚介類は、アナゴやシャコのほか、シロギス、スズキ、ミル貝、赤貝など三五種類に上る。

貝といえば、東京湾では近年、ホンビノスガイというハマグリによく似た二枚貝が繁殖して江戸前の新名物になっている。北米原産で日本に移入された経緯は不明だが、クラムチャウダーに使われるほど美味なので、千葉方面の居酒屋では「白ハマグリ」の名前で定番メニューになりつつある。

アサリなどが生息できない低酸素海域でもすめるため繁殖したというのが専門家の見方だ。

東京・深川に戦後間もなく生まれた釣りジャーナリストの藤井克彦さんは『江戸前の素顔』（文春文庫）の中で、東京湾の将来について「漁業権の新たな付与や漁業奨励策が必要。規制緩和があってしかるべきではないか」として次のように続ける。

「職業はと聞かれたとき、『私は江戸前の漁師です』、なんて答えることができたら格好いい。二〇歳も若ければ私は迷わずにその道を選んだことだろう」

◉豊洲新市場へ移転

遠隔地の瀬戸内海はもちろん、隣接する横浜の海からも連日のように鮮魚が届けられる東京都中央区の築地卸売市場——。

日本一、いや世界でも最大級の魚市場で、総面積は二三ヘクタール。東京ドーム五個分の広

世界最大規模を誇る築地中央卸売市場

さを誇り、年間約五七万トンの水産物を扱い、一日当たりの取扱金額は約二〇億円に上るという。

その歴史は日本橋の魚河岸が一九二三（大正十二）年の関東大震災で焼失し、臨時の代替市場として開設されたのが始まりで、一九三五（昭和十）年に正式に開場してから八〇年を迎えた。

東京湾へ続く隅田川に面しながら地方の中央市場のように漁船からの直接的な水揚げ風景はほとんど見られない。魚はすべて全国各地から保冷車で、あるいは海外から航空便で届けられてくるためだ。

その築地市場が二〇一六（平成二十八）年十一月に江東区の豊洲へ移転することが正式に決まり、築地は慌ただしい空気に包まれている。

築地市場は当初引き込み線を使っての貨車輸送を想定して造成したためトラックの駐車スペースもあまりなく、鮮魚を扱う施設自体も老朽化し、市場内にはネコやネズミすら居付いているのが現状だからだ。

「今の時代、まともな寿司屋ならマグロを大事に扱うが、築地では専用の保冷室もないので、夏場は魚も傷《いた》みがち。そうした衛生状態から抜け出せるという意味では一歩前進」と語るのは、マグロの仲卸「鈴与」の三代目主人生田與克さんだ。

一九六二（昭和三十七）年生まれの生田さんは「移転話はおれがガキの頃からあったが、築地に勝る立地はないと、皆が移転には反対してきた。しかし、消費者の意識も高くなったのに狭くて古くなったこの施設では未来はないと考えるようになった」と言う。

生田さんはＮＰＯ法人「魚食文化の会」理事長も務めていて、「皿からはみ出すほど大きかったホッケがいつの間にか皿に収まるほど小さくなってしまった」として魚の乱獲を戒める本を書き、「シーフード・スマート（かしこく食べて、さかなを増やす）」という考え方を広めようとしている。

成長して親になった魚を食べて、産卵もしていない小さな魚は海に残して育てようと、東京都内の自然食スーパーにキャンペーンシールを張り付け

「お客さんに喜んでもらえる最上のマグロを競り落としたい」と語る生田與克さん（築地場内市場）

たメバチマグロを卸しているのだ。

横浜市にあった二つの中央卸売市場を一つに統合させるほど、大きな力を持った築地市場について、東京都は一時期現在の場所で営業を続けながらの再整備も検討したが最終的に断念し、豊洲の東京ガス工場跡地に移転が決まった。

その後ベンゼンやシアン化合物による土壌汚染が分かり、「食の安全が脅かされる」と消費者から不安視する声も出されたが、最終的に土を全面的に入れ替えることによって新市場造成に踏み切った。

築地から隅田川をはさんで二キロ先にできる豊洲の新市場は面積が四〇・七ヘクタールと築地市場の二倍近くあり、現在のような屋外との仕切りがない開放的な仲卸売場から閉鎖的な仲卸売場棟に造り替え、商品管理と衛生水準の向上を目指す。

と同時に飲食店街や入浴施設を備えた「千客万来施設」（仮称）を整備し、観光客誘致にも力を入れたいとしている。

しかし、豊洲市場の先行きについては不透明な部分が多い。

築地市場では魚資源の減少や大手スーパーが産地から直接仕入れる市場外流通の増加などで運び込まれる水産物の量は一九八五（昭和六十）年ごろをピークに減ってきている。これに魚価安や後継者不足なども手伝って豊洲移転を契機に廃業を考える仲卸や卸売の業者も少なくないからだ。

それに加え、築地市場は銀座から歩いて一〇分の距離にあるため、「食のゾーン」として内外に知られる。東京観光の目玉として多くの観光客でにぎわうが、豊洲は地下鉄を乗り継いで行く必要もあり、どれほど人が訪れるか未知数の面もあるからだ。

築地市場内の鮮魚などを売る空間を「場内」、市場の外にある水産物などの小売店を「場外」と呼ぶが、豊洲へ移るのは東京都管轄の場内市場だけ。場外市場は民間の所有地だから移転の対象外となる。

場内市場の中には海外にまで名を知られた寿司店や食堂などもあり、「豊洲は交通の便が良くないので移りたくない」とかつては本音をもらした店も。

場外市場で祖父の代以来八〇年以上にわたってマグロの寿司や丼を出している「瀬川」の主人瀬川暢子さんは「私たちは豊洲に連れて行ってもらえない以上、築地に残って頑張るしかないのです。辞めないでと励ましてくれるお客さんも多いので」と語る。

場外には現在飲食店の他、水産物や調味料、加工品も扱う約四〇〇の店が集まっていて、来場客は年間約八六〇万人で、売り上げの七割は料亭などの業務用という。

市場が豊洲へ去った後も、「プロが求める一級品を提供し、小口の注文にきめ細かに答える」ことで築地ブランドを使って生き残りを図る。

その象徴の一例が二〇一四年十月、場外にオープンした「築地にっぽん漁港市場」だ。北海道、新潟、静岡、高知、長崎から獲れたての鮮魚が届く。「卸を通さない生産地の業者直売」

をセールス文句にしている。

二〇一六年十月には、場外に「築地魚河岸」という商業施設が誕生する。場内の六一事業者が出店し、「築地の活気とにぎわいを継承したい」と話している。

◉離島の魚屋

日本中から鮮魚を集める築地市場の現状を説明してきたが、現在水産物の流通はどうなっているのだろうか。

町で魚屋さんの姿をあまり見かけなくなって久しい。

経済産業省の商業統計によると、一九八二（昭和五十七）年当時、全国に鮮魚の小売店数は約五万三〇〇〇軒あったが、この三〇年間で約一万六〇〇〇軒と三分の一以下に減ってしまった。

魚屋さんといえば、思い出す光景がある。

阪神淡路大震災が一九九五（平成七）年に起きるまで、神戸市灘区の阪急六甲とＪＲ六甲道駅の間には東西へ伸びる長い商店街があって小さな鮮魚店がいくつも並んでいた。

夕方になると家庭の主婦は買い物かごを下げて行きつけの店を訪れ、明石海峡から水揚げされたピチピチのカレイやアイナメを買っていた。

「お願いだから、そのおいしそうなカワハギの肝のところだけ売って」

「殺生な、肝の部分を食べるのが魚屋の役得。お客さんは身の部分だけで我慢しといて」

関西弁で冗談が飛び交うそんな光景も、震災復興の流れの中ではあまり見かけなくなり、魚と言えば大手量販店の鮮魚売り場で、切身の魚を買うのが日常スタイルとなっていった。

近年は魚屋の対面販売を「押し付け」と感じるようになる主婦層も出てきて、東京の百貨店の中には「接客ご遠慮カード」を置くようなところも出てきているという。

魚の流通実態に詳しい鹿児島大学水産学部の佐野雅昭教授は「水産物は専門商品なので、扱いには説明が必要。なのに、大手の量販店では客に商品の説明をできる店員も不在で、魚売り場が単なる魚置き場になっているところが少なくない。その一方で、中小量販店の中には客に商品の魅力を説明する専門の店員を置いて、売り上げを伸ばしているところも増えてきている」と話す。

東京都北区のJR赤羽駅近くにある食料品スーパーの一角に新潟県長岡市の寺泊に本店を置く「角上魚類《かくじょうぎょるい》」が鮮魚コーナーを開いている。

「ラッシャイ、ラッシャイ、お買い得だよ」と威勢のいい掛け声が飛び交い、連日大にぎわいだ。日本海をはじめ、各地の沿岸で獲れた地魚を集め、好みの調理法に合わせ、切り分けてくれるのが消費者にとって大きな魅力になっている。

小さな魚屋さんで魚を売り買いする現場を改めて見たいと考えて、二〇一四（平成二十六）年の一月初め、瀬戸内海の愛媛県今治市にある離島の大島を訪ねた。

四国の最高峰・石鎚山（標高一九八二メートル）の山肌が雪に覆われた早朝、ふもとにあ

ゲタ（舌ビラメ）を常連にすすめる南向千春さん（愛媛県新居浜市大島の春香鮮魚店）

る新居浜市黒島の魚市場は、水揚げされたばかりの魚の競りでにぎわっていた。

屈強な男たちに交じってピンクの長靴を履いた小柄な南向千春さんがゲタ（舌ビラメ）やワタリガニなどの地魚を買い入れて、午前七時四十分に黒島港を出る連絡船で一五分の海上にある大島へ渡っていった。

大島港の近くにある「春香鮮魚店」に魚を並べると、顔なじみが次々と訪れ「今日は何があるの」、「煮付けに向く魚は」、「身が活きているでしょ」などとおしゃべりがはずむ。

「魚の値段が安いし、小さな魚を買っても刺し身にまでしてくれる。島では年寄りの一人暮らしが多いので助かるわ」と内山マサコさん。

南向さんが人口約二三〇人のこの島で鮮魚店を開いたのは二〇一二年十月。大島の漁師が獲った魚は島内ではなくて対岸に水揚げされるので、島の人は連絡船でスーパーまで買いに行かなければ魚は食べることができなかったのだ。

島の人に頼まれれば日本茶やしょうゆなどの調味料も「自分の買い物のついでだから」と言って買ってくる。

南向千春さんは大阪生まれ。三歳の時、新居浜へやって来て一時期東京にも出たが、大島漁業協同組合に一八年間勤め、定年を迎えた。

「島の人の地元で獲れた魚を食べたいという言葉が心に残っていた。空き家を提供してくれる人もいたので、それなら恩返しの気持ちでと魚屋を始めたのです」と言う。

店は午後一時まで。それから干し魚をつくったりして午後三時の連絡船で帰っていく。

調理師の資格を取るための勉強を続けている南向さんは「将来は手づくりの総菜をこしらえて皆さんに食べてもらえたらうれしい」とささやかな夢を語っている。

春香鮮魚店のような魚屋は、かつて日本のどこにでもあった。客は店主とおしゃべりをしながら、季節に合わせた好みの魚を売ってもらう。それが量販店の進出で、売り手と買い手の距離が開いてしまった。

「量販店で扱う魚はマグロやサケなど約三〇品目で流通全体の八割を占めるが、残り二割に当たる沿岸で取れる多様な地魚をどう食べるかが、日本の水産業生き残りのカギを握る」と語るのが、水産大学校理事長の鷲尾圭司さんだ。

鷲尾さんが注目する山口県萩市の「しーまーと」（第五章で紹介）が繁盛しているのも、季節の地魚を大事にして客相手に対面商売する公設市場方式を復活したからだった。

水産小百科⑥ 魚市場

魚の取引と言えば、市場で「カランカラン」と響き渡る鐘の合図で始まる仲買人の競りの光景が目に浮かぶが、そうした場面を見ることは少なくなった。

東京・築地の中央卸売市場でもマグロやエビ、ウニなどの一部高級魚介類は競りで入札するが、その他は売り手と買い手が直接交渉して卸値や取引数量を決める「相対取引」が一般的になっている。

農水省が一九九九年に卸売市場法を改正し、取引の原則を競りと相対取引の二本立てにしたからで、築地市場は午前五時から午後三時までの開場時間を二四時間営業に規制を大幅緩和した。街の鮮魚店の数が減り、仲卸業者も勢いを失ってから、これを機にスーパーなどの量販店が築地での鮮魚取引の主役の地位を確保した。

量販店が重視する魚の基準は①数量②価格③品質④規格がそろっている点で、魚は天然より養殖ものが優先され、定番メニューの魚ばかりが店頭に並ぶことになる。浜値も抑えられ、漁師の手取りは小売価格の四分の一に据え置かれたままだ。

浜から地方の市場を飛び越して店頭に魚介類を運ぶ市場外取引も盛んに行われるようになり、全国の卸売市場を経由する水産物は、全体の流通量の五三・四パーセント（二〇一二年、農水省推計）まで落ち込む。水産物の流通は市場主導から量販店による買い手主導へと変わってきているが、「自分たちの苦労に見合った値段で、魚を扱ってほしい」と現場の漁師は訴えている。

III

知られざる漁業の最前線

第七章　国境の海

かつて日本の漁師は七つの海を目指し、はるか遠洋へマグロやサケ・マスを獲りに出かけたが、一九七七（昭和五十二）年に米国とソ連が二百カイリ漁業専管水域を設定し、各国が自国の海を主張するようになると、日本漁船は一斉に各国領海内から締め出された。

それ以降は公海上や日本近海、沿岸での守りの漁業に精を出すことになるが、近年は尖閣諸島や竹島の周辺に中国や台湾、韓国の漁船が姿を現し、国境紛争が頻発している。

北方領土近海ではそれ以前から日本漁船が旧ソ連やロシアの警備艇に拿捕されたりして国境の海では緊張関係が続いてきた。

そうした中で、大きな騒動になったのが、二〇一四（平成二十六）年十月から十一月にかけての中国漁船による小笠原、伊豆両諸島周辺の日本領海や排他的経済水域（ＥＥＺ）内への侵犯だった。

四国・土佐沖でサバの一本釣り漁師が宝石サンゴ漁に鞍替えしている話を第四章で紹介したが、中国船はこの希少なサンゴを密漁するため、福建省あたりから二〇〇隻もの大船団で日本近海へ繰り出したのだった。台風が接近してもギリギリまで避難せず、大きな海難事故につながるのでは、と日本国民をハラハラさせたものだ。

以前は中国近海でもサンゴは採れたが乱獲で資源が枯渇したための遠征だが、この海域はユネスコの世界自然遺産にも登録されており、ハタやハマダイなど高級魚の漁場。海底を強引に網で引くため、地元漁船の漁具が壊されるなどの被害も出ている。

宝石サンゴについては日本でも資源管理に神経を使っていて漁獲には許可が必要だ。ワシントン条約締結国でも資源の動向を注目しており、海上保安庁は中国人船長を相次いで逮捕する事態となった。

「礼節の国・中国」の貴婦人も、盗品のサンゴを使った宝飾品を身に着けるようなことは、彼女らの誇りが許さないと思うのだが、中国政府の対応は生ぬるさばかりが目に付く。

◉海峡でロシア船が乱獲

今から四半世紀近く前の一九九一（平成三）年五月、北方領土の国後島から根室海峡越しに雪の知床半島を眺めたことがある。

ゴルバチョフソ連共産党委員長の四月来日を機に、四島の知られざる実情を日本へ伝えるため、共同通信は特別取材班をつくってサハリン経由で国後島の古釜布（ユジノクリリスク）へ取材に入ったのだった。

知床からわずか十数キロ先の国後島へ入るのに、成田空港を出てからサハリン経由で二週間近くもかかる、そんな遠い世界だった。

当時、日本政府は四島を「我が国固有の領土」と主張しながらも島民の人口をはじめ基本的な情報は何も持っていなかった。このため、サハリンの州都・ユジノサハリンスクの公文書館を訪れ、住民台帳の地域ごとの人口を電卓でたたいて加算し「四島のソ連住民は二万四六〇〇人」という記事をまとめたのを皮切りに、住民の暮らしぶりなどをルポにして、ウラジオストク経由の電話回線を使って東京へ次々と送った。

衛星電話などまだ使えなかった時代のことだが、これらのニュースは連日新聞紙面を大きく飾った。

取材班が一番緊張したのは色丹島から択捉島に移動した際、謎のベールに包まれた北方ソ連軍の一部が撤退を始めるという歴史的な場面に遭遇した時だった。

紗那（クリリスク）の港には軍艦が集結していて、若い兵士が次々と乗り込んでいく。部隊の責任者にインタビューすると、「我々は島を出ることになった。中央（モスクワ）からの指示による」と言明するではないか。

悩んだ末に腹を決め、この動きを第一級の国際ニュースとしてソ連軍の回線を使って日本へ送信した。

軍事機密を漏らせば身柄を拘束されるとホテルでしばらく息をひそめたが、二日後にソ連国営タス通信がこの事実を後追いで報じてくれたため、「これで日本へ帰れる」と安堵したものだった。

当時の国後島や択捉島の河川にはサケやマスがあふれるほど泳ぎ、島の人々はこれらの魚を「クンジャ」と呼んで軒先に吊るして干し魚にしていた。キュウリウオと呼ばれるシシャモに似た一夜干しの魚が日常食になっていて、これを肴にウォトカで島民と乾盃をしたものだ。物資には恵まれないものの、それなりに豊かに暮らし、「領土返還なんて言わないで、日本人もここへ来て一緒に暮らせばいいじゃないか」と陽気に語っていたのが印象に残っている。知床を間近に望む国後のソ連人家庭にあるテレビには北海道の天気予報がよく映るので、人々は日本語が分からなくても画面の雪だるまの数をみて、その日の島の天気を予想していたのである。

それから二二年後の二〇一三（平成二十五）年九月、今度は逆に知床半島・羅臼の海岸から国後島の爺々岳を望むことになった。

四島を訪ねてから間もない一九九一年十二月、ソビエト共和国連邦は崩壊し、ロシア共和国が誕生したが、あの時訪ねた島の人たちは皆元気だろうか、と不思議な感慨を覚えたものである。

国後、色丹、択捉、歯舞の北方領土には終戦当時一万七二〇〇人余りの日本人が住んでいたが、ソ連軍の侵攻で島を追われ、以降ソ連が四島を実効支配してきた。

北海道の東に広がるオホーツク海はアムール川から流れ込む栄養塩の作用もあって寒冷ながらとても豊かな海で、スケトウダラやサケ、マス、カニ、ウニ、ニシンなどが豊富だ。日本は戦前から北洋で漁業をしてきたが、戦後はサンフランシスコ講和条約が発効し、独立を回復した後の一九五二（昭和二十七）年からサケ・マス漁を再開した。

しかし、ソ連は一九五六年の日ソ漁業条約でサケ・マス漁やカニ、ニシン漁の規制を強化し、七七年に領海二百カイリを宣言すると、日本は毎年多額の入漁料を支払ってソ連領海内へ入らざるを得なくなり、北洋漁業は次第に縮小の方向へと追い込まれていく。

そうした歴史の裏側で、四島の近海では根室半島から「レポ船」や「特攻船」という耳慣れない名前の船が出動してソ連主張領海内へ入り、カニやウニなどの密漁を繰り返した時代があった。

レポ船は作家の西木正明さんが小説『オホーツク諜報船』に描き、話題になったが、ソ連の国境警備隊に日本側の情報や金品を渡して、見返りに密漁を黙認してもらう船のことだ。一九六八年にベトナム戦争に反対する米兵を国後島経由でスウェーデンへ亡命させたジャテック事件の裏方を演出したこともあり、ゴルバチョフ大統領が訪日した一九九一年ごろまで存在した。

特攻船は小型船に高速エンジンを搭載してソ連主張領海内へ入りカニをごっそり獲っては警

備艇の追跡を逃れて猛スピードで母港へ戻る船で、水産の町・根室の経済を潤してきた。

それだけに日ロ間で政治的に問題になっても「政府が日本の領土と言っている海で漁をして何が悪いのか」と地元で擁護する声も強かったが、冷戦構造が崩壊した一九八〇年代後半ころに姿を消していったという。

こうした〝密漁〟行為に始終付きまとうのが、ソ連の国境警備隊による拿捕や銃撃などの危険だ。

「目の前の海で夫が、息子が拿捕された」――。

歯舞群島・貝殻島周辺は戦前は日本の海で、根室半島の漁業者がコンブを採るのは日常的な光景だった。それが戦後一方的に境界線が引かれ、これを越えた漁師が拿捕される悲劇が相次いだ。

一九六三(昭和三十八)年に親の仕事を手伝っていた高校生までが身柄を拘束されるに至って、漁業団体「大日本水産会」の高碕達之助会長が動きだし、ソ連との間で異例の民間協定が結ばれた。

コンブの漁期と漁獲枠を定め、採取料を払えば、ソ連主張領海内でも安全操業を保証するというものだった。

歯舞産コンブは全長が一〇メートルにも育ち、軟らかく味が良いのが特徴。毎年六月初めから三か月間、納沙布岬沖の漁場で二六〇隻余りの船が竿を海中に突き刺してコンブを採取する。

日本側がロシア側に支払うコンブの採取料は約一億円、一隻当たり四十数万円だが、歯舞漁業協同組合幹部で、五代目コンブ漁師の志和昭則さんは「妻の両親は国後島出身。安全に操業できるようになったのはけっこうだが、自分たちの先祖代々の海へ入るのに、なぜ高い入漁料が必要なのか。払った金額に見合うだけのコンブが採れないこともあるのに納得できない」と地元漁民の気持ちを代弁する。

貝殻島周辺には潮流の関係で土砂が堆積したり、磯焼け現象も起きたりしてコンブはだいぶ減ってきているので、海底を掃除して種コンブを残すよう努めているという。

歯舞コンブ採取の民間協定締結に遅れること三五年。レポ船や特攻船の舞台となった北方領土のロシア主張領海内で安全操業ができるように日本政府は一九九八（平成十六）年十月、四島の管轄権を棚上げする形でロシアとの間で政府間協定を結んだ。

資源保護協力費約二〇〇〇万円と同額相当の機材を提供し、日ロの中間ラインを越えたロシア領海内で一月からのスケトウダラ漁、九月からのホッケ漁を期間限定で行っている。

それでも、二〇〇六年八月には日ロの中間ライン付近で根室のカニかご漁船「第31吉進丸」がロシアの国境警備艇に銃撃され、乗組員一人が命を落とした。

その前年と二〇〇七年には安全操業海域で操業していたにもかかわらず日本漁船が拿捕されたり、二〇一〇年二月にも漁船が銃撃されるなど、国境の海から緊張感は依然なくなっていな

根室海峡で獲れたホッケの水揚げ光景（北海道知床半島の羅臼港）

い。

そんな中、二〇一三年九月に知床半島東部の羅臼港で「海誠丸」（四・九トン）という四人乗りの小型漁船船長、浜岸龍斗さんに会って、操業の実態について話を聞いた。

浜岸さんは一九八八年生まれの二十五歳。父親も定置網漁をしている漁師一家だ。

その浜岸さんによると、羅臼漁協所属の小型刺し網船二〇隻が午前零時に出港し、一時間ほどで日ロの中間ラインに到着する。ここでロシアの監視員が二〇隻の中の一隻に乗り移ってからホッケの刺し網漁が始まる。午前十時まで操業を続け、それから羅臼港へ引き上げて水揚げを行い、正午の公設市場での競りに間に合わせる。

「海の仕事は危険な部分もあるが、遊びじゃないから仕方がない。自分の子供はまだ一歳で小さいけれど、かみさんが自分の獲ったホッケはおいしいって食べてくれるのが何よりうれしい」と語る浜岸さん。

学校で北方領土は日本固有の領土と教わってきたが、「実際に沖へ出て魚を獲っていればロシアが支配していることは体で実感する。せめて国後だけでも返してくれれば、魚がもっと獲れるのにと思う」

そんな浜岸さんが気にかかるのは、根室海峡で近年魚が減ってきている点だ。「自分が漁師になる前は、魚は獲りたい放題と先輩から聞いたが、今では皆これでいいのかと考えるようになってきている」と話す。

「あまり注目されることがないが、じつはロシアとの間で最大の懸案は根室海峡の資源管理問題なのです」と語るのは、羅臼漁協専務理事の木野本伸之さんだ。

知床近海のスケトウダラ漁は一九七〇年代に乱獲で資源枯渇状態に陥ったが、その後の資源管理で回復し、八〇年代以降急速に伸びた。ところが一九九〇年当時、根室海峡で一一万トンあったスケトウダラの漁獲量は年々減り、現在一万トンにまで激減した。

その原因は一九八八年から沖合にロシアの三千—四千トンクラスの大型トロール船が出没するようになり、海峡の魚を根こそぎ獲っているからだ。

トロール船は年に二〇〇回も姿を現すこともあり、根室海峡を産卵のため回遊しているスケトウが一網打尽にされるため資源への悪影響は計り知れない、という。

「日本は根室海峡についてはトロール漁を禁止する一方、産卵期には禁漁区を設け、小さな魚は獲らないよう刺し網の網目を大きくするなど工夫をしてきた」と話す木野本さん。

羅臼漁協はロシア側に乱獲をやめるよう日本政府を通して申し入れているが、「国からもらったクオータ(漁獲割り当て量)に従って操業しているので問題はない」という態度を示すだけで、なしのつぶて状態という。

日本側漁船にはロシアのトロール漁船が網を引くことにより漁具への被害も出ているが、両国間で正式に協議する場もないため、操業の秩序も形成されないままだ。

霧に包まれる国境の海で、ビルのようにそびえるロシアのトロール船を脇目に、小船に乗った漁民が黙々と網を引く光景——。日本政府は四島を「日本固有の領土」と胸を張って主張するなら、隣国との交渉に腹をくくって臨むべきだろう。

◉緊張高まる尖閣近海

北海道・知床半島を取材で歩いてから二か月後の二〇一三(平成二十五)年十一月、東京から約一万キロ離れた沖縄県宮古島の離島・伊良部島へ飛んだ。

北の国境に対し、南の最前線はどうなっているのか。尖閣諸島の周辺で操業する数少ない現役漁師の漢那一浩さんに話を聞くためである。

漢那さんは一九四八(昭和二十三)年生まれ。沖縄県立宮古水産高校を卒業後、静岡・焼津

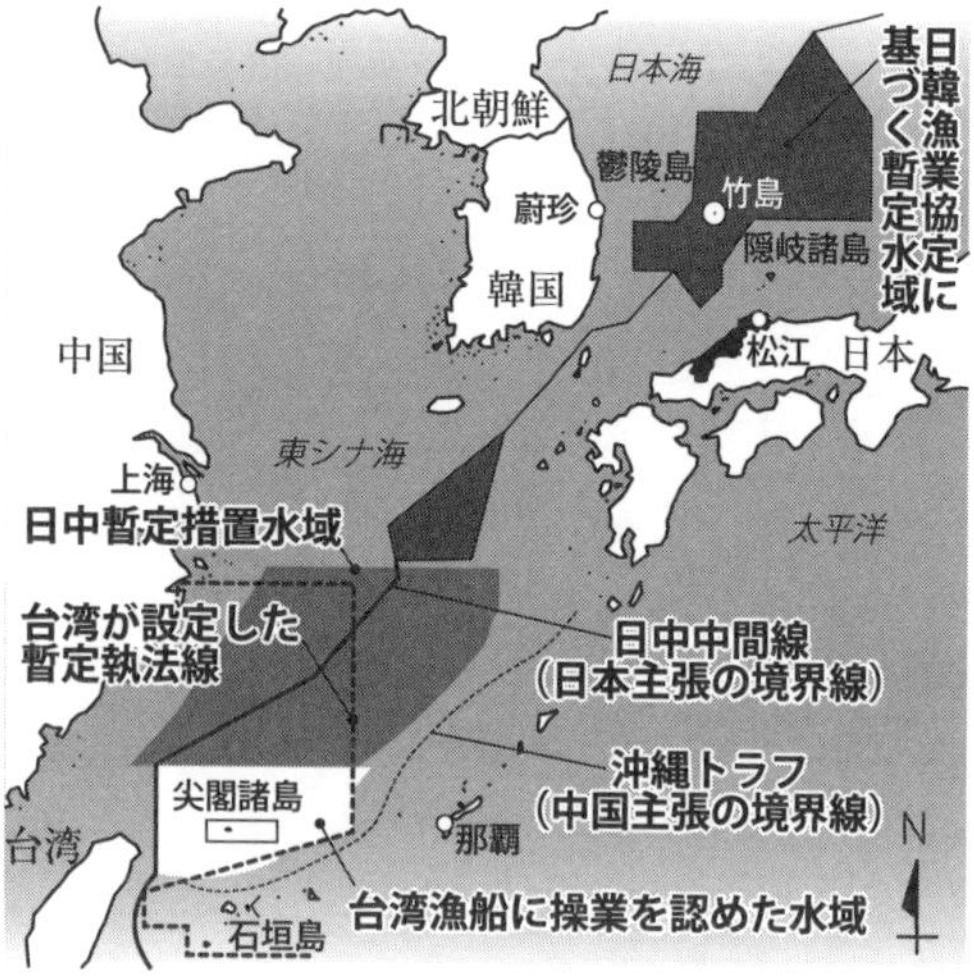

図13　日本、中国、韓国、台湾の漁業水域

出典：琉球新報・山陰中央新報『環りの海』岩波書店

の遠洋マグロ漁船に五年間乗ってから故郷へ戻り、四〇年。伊良部漁協の組合長を務めており、自身の体験と意見を率直に語ってくれた。

伊良部島は宮古本島から連絡船で十五分ほどのサンゴ礁が隆起してできた島で、二〇一五年一月には本島との間で全長三・五キロの長さの伊良部大橋が架かった。赤瓦と白壁の民家が点在し、人口は約六二〇〇人。島の西半分には下地島空港があって、民間機パイロットのタッチアンドゴーの訓練場所になっている。

島の東にある佐良浜地区の漁師は戦前から戦後にかけサイパンやパプアニューギニアを基地にしてカツオ漁に力を入れてきたが、燃料の重油高などで南方漁は終焉を迎えた。

そこで遠洋漁業に替わる手段として伊良部漁協が開発したのがパヤオ（浮き漁礁）で、一九八二年に宮古島近海に設置した。タガログ語で、イカダを意味する言葉。海の表層に漂流する浮遊物の陰に群れる小魚を追って大型の回遊魚が集まる習性を利用する。

この漁法を導入することで島から二時間ほどの近海でも安定した釣果を得られるようにな

り、全国の他の漁協もパヤオを使うようになった、という。

日常はパヤオの周辺で漁をすることが多い伊良部の漁業者だが、漢那さんは毎年暮れが近づくと、生活が慌ただしくなってくる。翌年の二月にかけて長男の竜也さんと「第五喜翁丸」（九・九八トン）に乗って尖閣諸島の周囲へスマガツオの一本釣りに出漁するためだ。スマは水温が下がると脂がのっておいしくなるグルメ垂ぜんの魚で、大漁の時は那覇辺りの市場にまで出回る。

尖閣諸島は沖縄本島の西約四百キロの東シナ海にある無人の小島群で、日本政府は一八九五（明治二十八）年に領土へ編入し、民主党の野田佳彦政権時代の二〇一二（平成二十四）年九月、石垣市に属する魚釣島、北小島、南小島の三島を地権者から二〇億五〇〇〇万円で購入して国有化を宣言した。

当時の石原慎太郎・東京都知事が都による尖閣取得を打ち上げたことが引き金になったが、領有権を主張する

毎年冬になると尖閣諸島へ一本釣り船を出す漢那一浩さん
（沖縄県宮古市伊良部の佐良浜漁港）

中国政府は「不法、無効で断固反対する」と反発して、中国公船に領海をたびたび侵犯させ、海上保安庁の船とにらみ合いを続ける。

一九七〇年代には沖縄県内から一六〇隻以上が尖閣近海へ出漁していたが、現在は中国船とのトラブルを警戒して尖閣へ近づく船は少なく、伊良部島からは漢那さんの船ともう一隻だけになっていた。

漢那さんの「喜翁丸」は約二〇〇キロ離れた尖閣の漁場へ行くため夕方伊良部を出港し、翌朝の夜明けごろ現地の海へ到着、夕方まで漁を続け、翌未明に伊良部へ戻るのが一般的な操業形態で、ひと月に六回の出漁が多いという。

「尖閣へは沖縄の本土復帰（一九七二年）前の頃から通ってきたが、国有化まで中国の漁船を見ることなどほとんどなかった。親や先輩たちが現地にカツオ節の製造工場もつくってきたし、ここをねぐらにしてみんなで頑張ってきたのだから、尖閣はまぎれもなく日本の領土。だいたい中国は米国が尖閣で軍事訓練をした時でも異議を唱えなかったではないか」と漢那さんは語る。

中国と台湾が尖閣諸島の領有権を主張し始めたのは一九六八（昭和四十三）年、国連アジア極東委員会が周辺の東シナ海大陸棚に石油が埋蔵されている可能性があると報告したため、にわかに注目されたのだが、島の帰属について日中両国政府は棚上げして政治問題化しないように努めてきた。

漢那さんの漁船が漁を終えて中国公船の脇をすり抜けて伊良部島へ戻る際、ブリッジに「中国海監」の文字と電光掲示が点滅するのを見た時は、緊張したという。

「日本の漁船が安全に操業できるよう尖閣に避難港をつくってほしいと地元から政府へ何度もお願いしてきたが、きちんと対応してくれていたらこんなことにはならなかったと思う。

今も息子と尖閣へ船を出しているが、親の代から引き継いだこの豊かな海で安心して魚が獲れるような環境を孫たちにも残してやりたい。自分の願いはそれだけです」

国境の海へカツオを追う老海人《うみんちゅう》の願いはじつに素朴なものだった。

宮古島から石垣島へは船で渡りたかったが、一般客を乗せるフェリー路線は廃止され、現在は貨物船のみということなので、空路三〇分の旅を余儀なくされた。

上空から見る宮古島は、サトウキビの畑が多い平坦な島で、宮古牛がのんびりと草を食んでいる。それに比べ石垣島は山あり、谷ありの起伏が豊かな島で、石垣港の周辺にはビルも多く、八重山経済の中心地という印象だ。

二〇一三（平成二十五）年三月に郊外に新石垣空港が開業してから、「前の空港は街中にあったので、乗車料金は知れていたが、新空港は三〇〇〇円以上いただけるのでありがたい」とタクシー運転手は新空港バブルにほくほく顔だった。

そんな石垣島から西表島、波照間島までの広大な海を管轄する八重山漁協では、所属する約三〇〇人の漁師が島の沿岸でハタやフエダイなどの高級魚を、沖合や近海でカツオの一本釣りやマグロの延縄漁をしている。

その八重山で最大の懸案になっているのは尖閣諸島問題に絡んで東シナ海周辺での操業を巡り日本と台湾が二〇一三（平成二十五）年四月に合意した漁業協定の中身だった。

戦前、日本の統治下にあった台湾から石垣島へは多くの人が入植して森林を切り開きパイナップル栽培を持ち込み、島の一大産業に育て上げた。水牛も台湾から移入された。島内には台湾系華僑も多く住み、石垣と台湾は親密な関係はありながらも一歩海へ出ると微妙な緊張関係にあった。

八重山漁協で大きな水揚げ高を占めるマグロは「尖閣マグロ」の商標登録名があって、その延縄漁は長さが四〇キロもある仕掛けを海に流すので他国の漁船が入り込まない日本の排他的経済水域（ＥＥＺ）内でないとうまく操業できないのが実情だ。

にもかかわらず、この日台漁業協定では台湾側に八重山諸島北側の日本ＥＥＺ内に「特別協力水域」をつくり、マグロの操業を認めてしまったのである。

尖閣問題で領有権を主張する中国と台湾が連携するのを阻止するため、日本政府は台湾を取り込む狙いから取った措置で、八重山漁協の上原亀一組合長は「領土問題が大事なことは分かるが、台湾側に譲歩し過ぎて、沖縄は大変な不利益を被った。地元の漁業者の頭越しに交渉を進めるとはとんでもない話だ」と怒る。

石垣島では燃料費の高騰で、尖閣諸島まで足を延ばす漁船は今ではほとんどなくなっていて、上原さんは「中国公船もマスコミや政治家を乗せた日本の漁船は派手に追い回すが、純粋な漁業者には手は出さない。地元としては中国船とのトラブルはないと考えている」と自身の認識を語る。

中国脅威論は東京のメディアが喧伝していて、「一部の漁業者が利用されているだけで、台湾とは歴史的にもつながっているので、良好な関係を維持するためにも、混乱防止のルールをつくっていく必要がある」と上原組合長は冷静に話していた。

その後の二〇一五年六月、上原さんは沖縄県漁連会長となり、日台、日中の漁業協定見直しに積極的に取り組んでゆく方針を明らかにした。

と同時に地元の漁業振興を図るためにも養殖漁業にも力を入れていきたい、と語っている。

晴れた日には一一〇キロ離れた台湾の島影が見えるという、日本最西端の与那国島。石垣島から小一時間の飛行で、人口一五〇〇人の国境の島へ着くが、その西端に久部良という集落がある。

日本最後の夕日が沈むのを見るころ、「海響《いすん》」という居酒屋が賑わってくる。ここの名物料理は沖で獲れたカジキマグロの内臓をポン酢で和えたものやカジキの骨の唐揚げなどで、時にアルコール度数六〇度の強い花酒を飲みながら、海の男たちは一日の疲れを癒す。

与那国町漁協組合長の中島勝治さんは一九六六（昭和四十一）年、大阪府東大阪市生まれ。コンビニの店長をしていたが、若いころからカジキ釣りに夢中になり、三十五歳の時に与那国へ移り住んだ。

コンビニどころか銀行もクリーニング店もなく、郵便局があるだけの過疎の島だが、「居心地が良く、もう都会の生活には戻れないね」と中島さんは島暮らしに満足な表情だ。

年間二〇〇から二五〇日は沖へ出るが、遊漁客にカジキ釣りを教えることもあり、俳優の松方弘樹さんが大物を釣り上げた写真が中島さんのＨＰに収録されている。

カジキマグロは黒潮の流れる与那国島沖のパヤオ（浮き漁礁）の周囲で釣れるが、与那国から尖閣諸島の周辺へ出漁するのは高級魚アカマチ（ハマダイ）の底釣りをするためで、月に三回くらい三、四隻の漁船が出かけていく程度という。

「尖閣は国有化しないで日本が実効支配していたときのほうが、中国との関係もギスギスしなくて漁もやりやすかった」として中島さんは次のように現状を説明する。

「日本の領海内で漁をしていても中国の公船が近づいてきて、『ここは中国の領海内に当たるから違法行為だ。すぐに出なさい』と日本語で威圧的なアナウンスして、追い払おうとする。ぼくらの船には日本の海上保安部の船が付いて守ってくれるのだが、尖閣周辺は魚が多いとはいえ、落ち着いて漁などできる状態ではなくなった」

それでも、与那国の漁民にとっては尖閣問題より、石垣島と同様に島の近海での台湾船の無軌道な操業が気になるという。

沖縄の漁船はだいたいが一〇トン未満だが、台湾の漁船は一隻一〇〇トンほどの大きさで船団を組んで操業するため漁獲能力もあり、漁獲したマグロを日本へ逆輸出してくるという。与那国島は環礁のある沖縄本島のような浅い海と違って、周囲は断崖で、そのまま水深千メートルの深い海につながっている。その南一四マイルと二四マイルに浅瀬があり、ここがアカマチの好漁場になっていて五年間禁漁にして資源保護に努めている。

こうした水産資源保護区にも台湾のマグロ漁船は姿を見せるので、中島組合長は「日台漁業協定の中で操業ルールや資源管理の在り方をきちっと詰める必要がある。日本は問題の多い日中漁業協定の見直しから始めるべきだ。台湾はこれにならって漁場の開放を求めてくるのだから」と話している。

◉違法の虎網漁

尖閣諸島周辺の漁業について取材しているうち、気になる話を聞いた。東シナ海で中国漁船が「虎網」という強引な漁法を使ってサバを根こそぎ乱獲しているのだという。

八重山諸島から戻り一か月後の二〇一三(平成二十五)年十二月初旬、サバの一本釣り取材に来ていた高知県土佐清水市からその虎網漁を取材するため九州の五島列島へ向かった。宿毛

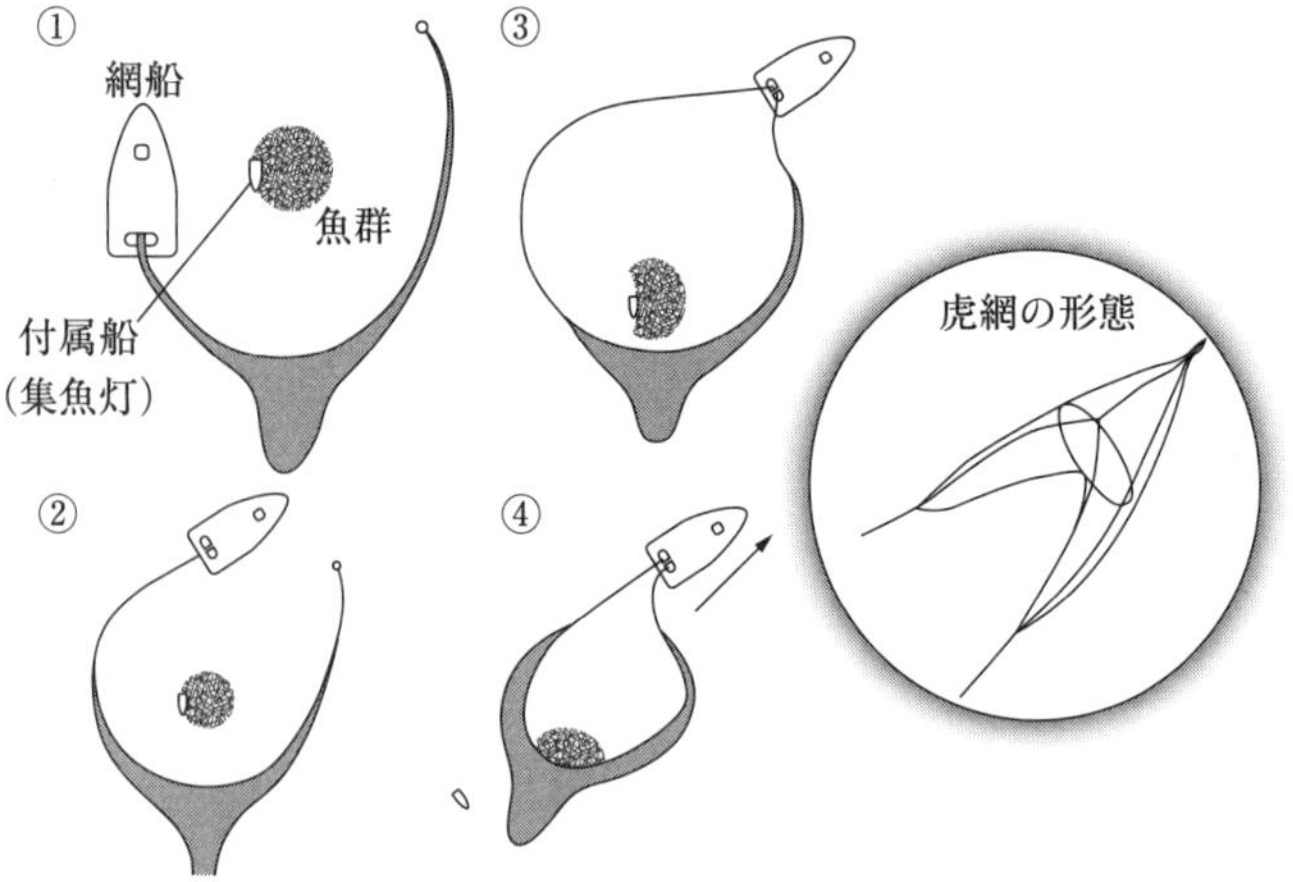

図14　虎網漁

資料：「海洋水産エンジニアリング」2011年9月号（海洋生産システム協会）より水産庁作成

市から豊後水道をフェリーで大分県の佐伯市へ渡り、JRを使って福岡経由で長崎へ。

宿毛フェリーは一九七一（昭和四十六）年に就航が始まり、最盛期には一日七便が往復し、年間三〇万人が利用した。現在では一日三便に減らされ、鮮魚を載せたトラックなどの運搬が主である。この日、二等船室の乗客は私ただ一人で、三時間の航海中は宙をブンブン飛ぶ一匹のハエと珍道中する羽目となった。

宮古島から石垣島へ船で渡るルートがなくなっていることを先にも触れたが、四国―九州を結ぶ幹線フェリーの現状を見ても日本の海運全体の衰えを感じた。

ところで、虎網とはいったい何か――。

情報が少ないので、まず博多にある水産庁九州漁業調整事務所へ寄り、中村真弥漁業監督課長に水産庁の漁業取締船が撮影したというビデオを鑑賞させてもらった。

それによると、夜のとばりが下りた長崎県五島列島沖の東シナ海で、強烈な明かりをともした大型漁船が何隻も操業している。船体には「CHINA」の文字が浮かび上がる。虎網船は一般的な巻き網船のように五隻もの船団を組まずに集魚灯を点けた小型ボートだけで魚を集める。

強力な集魚灯を使って東シナ海のサバを乱獲する中国の虎網漁船（長崎県五島列島の女島沖）（提供：水産庁九州漁業調整事務所）

そして長さが一キロ以上もある大きな袋状の網でサバやアジの魚群を囲い込み、掃除機のようなフィッシュポンプを使って一気に吸い上げていく。網を広げた時に袋状の部分が虎の顔に似ているから虎網と名付けられたという説明もあるが、本当のところはよく分からない。

網を海面へ下ろしてから魚を船に取り込むまでわずか一時間余りで、船の近くに待機している大型運搬船に魚を移し、中国南部の港へ持ち帰る。乱暴な漁法なので魚は傷《いた》むが、中国では鮮魚は食べず加工品の魚を食用にするし、巻き網漁に比べ人手も少なくてすみ、数倍の漁獲量を見込めるのが強みという。

「日本と中国の船が自由に操業できる中間水域を越え、日本の排他的経済水域（ＥＥＺ）内に侵入する船も多く、海洋資源に重大な影響を与える」（中村漁業監督課長）として、水産庁は漁業取締船「白鷗丸」（四九九トン、橋本高明船長）などを東シナ海へ出動させ、二〇一三（平成二十五）年だけで違法操業をしていた漁船七隻を拿捕している。

このうち二月二十日早朝、男女群島南方の大しけの海で密漁していたところを現行犯逮捕された虎網船の三十四歳の船長は「中国側の海ではサバが獲れなくなったので、悪いと知りながら日本の海へ入り、密漁した。虎網はもうけが大きいので新しい船をつくっても三年もやれば借金は返せる」と供述したという。

この中国人船長を取り調べた「白鷗丸」の橋本船長は「中国では投機目的で漁業者にお金を出して虎網漁をさせる富裕層がいて、資源管理をしている日本側の海は魚が多いから狙われる」と虎網船急増の背景を語り、次のように続けた。

「海上保安庁の巡視船は銃器を備えているが、我々の舟は放水銃を使う程度。中国船に乗り移ると出刃包丁やハンマーなどが飛んでくることもある。

それでも、違法行為は絶対に認めないという姿勢を見せ続けることが大事で、密漁がいけない理由について中国人通訳を使って丁寧に説明するのが我々の役目。摘発したらそれで終わりではないのです」

虎網船は二〇〇九年ごろから東シナ海に姿を現し、中国の浙江省などを母港に約三〇〇隻が操業しているが、現場の海域で遭遇する日本漁船はどう受け止めているのか。

五島列島福江島の玉之浦湾に台風を避けるため避難した虎網漁船の群れ
（提供：五島市役所）

長崎港に接岸していた大型巻き網船の四十代船長は「日本では禁じられている強い集魚灯でサバを網に誘い込み、手際のいい作業で、あっという間に漁を終える。虎網は網の目も小さいから小さな魚まで取り尽くしてしまう。おれたちは夏の七、八月は一斉休漁したり、毎月約一週間は漁をしないが、中国人に資源管理なんて発想はないよ。あれでは東シナ海から魚がいなくなるのは時間の問題だ」と危機感を露わにした。

この虎網漁船が長崎県民にとって大きな脅威となったのが二〇一二年の七月、五島列島福江島の玉之浦湾に台風からの避難を理由に百隻余りが入港してきて約一週間居座られた時だ。

「五星紅旗」を掲げた一〇〇トンから五〇〇トンクラスの新型漁船で湾内は埋め尽くされ、地元住民は「赤い旗が林立し、ここが日本かと我が目を疑う光景だった。中国の船といえば、かつてはオンボロ船だったのに。今では日本漁船より立派になり、船団で動くので不気味だった」と話していた。

かつては遣唐使の寄港地として知られ大陸への窓口だった五島列島の近海は水産資源に恵まれた好漁場だが、近年は魚価の低迷と燃油価格の高騰で、日本の漁船が遠方まで出漁する機会は少なくなっている。

「マグロにブリ、タイ、ヒラメといい魚が獲れるが、平成に入って魚の価格が量販店主導で決められるようになり、安くなって困っている」と現状を説明するのは、五島漁協組合長の草野正さんだ。

一九五〇年生まれの草野さんは高校卒業後、東シナ海で底引き網漁をした経験もあり、中国の虎網船については次のように語る。

「東シナ海をアメリカの衛星写真で見ると、明るさを規制している日本のイカ釣り船は目立たないが、強烈な集魚灯を使っている虎網船の存在は一目ですぐ分かる。日中の共同水域は中国船だらけで、自力で魚の群れを探そうとしない彼らは日本漁船を見つけると、漁場へ強引に割り込んでくる。

われわれはトラブルにならないよう漁場を譲り渡しているのが現状で、仕事にならない。日中両国は同じテーブルで資源管理について真剣に話し合うべきだ」

五島漁協には五一〇人の漁業者が所属し、男女群島を基地として北へ南へと出かけて操業し、事実上の国境監視の役を担っている。

草野組合長は「中国や台湾漁船の宝石サンゴ密漁などを見つけると組合員は海上保安庁に通報してきた。国境の海を守ってきたのは自分たちという誇りもあるが、平均年齢は六十何歳にもなり、後継者もいない。燃油の価格高騰も悩みのタネで、水揚げの半分が燃油代で消えていく現状は厳しい。国境離島特別措置法の制定を陳情しているが、国は離島の環境整備にも気を配ってほしい」と訴えている。

その男女群島にあった灯台が二〇〇六年に無人化されて以降、中国漁船が頻繁に姿を見せるようになり、地元漁民は「尖閣列島は日本の領土と政府が明確なメッセージを発しても、五島近海は手も打てないまま中国に好き勝手にされている」と話す。

東シナ海での操業について日本はかつての乱獲への反省から、巻き網船の集魚灯の強さや網目の大きさ、漁獲量を厳しく規制している。

しかし、日本遠洋旋網漁業協同組合（本部・福岡市）の集計によると、二〇〇八年に五・二万トンあった東シナ海でのサバの漁獲量（九—十一月）は五年間で一・四万トン（同）と、三分の一以下にまで激減した。

「限られた海域に中国船の数が増えすぎたのが原因で、虎網の影響としか考えられない。漁業を知らない富裕層の新規参入がさまざまな問題を引き起こしている」と同組合の保田井真企画推進部長は話している。

一三億人の胃袋を満たさなければならない中国では魚食ブームが起きており、水産物への需要は高まると同時に、このサバを海外へ輸出して外貨獲得の手段にも使っている。

中国の海洋での動きについて東海大海洋学部の山田吉彦教授は、北海道新聞の二〇一四年六月十八日朝刊で、「資源問題に加えて、中国政府が漁船を『先兵』として活用する危険性」について次のように警鐘を鳴らす。

中国とベトナムが領有権を争う南シナ海の西沙諸島の周辺海域で、この年五月にベトナム漁船が中国漁船に体当たりされて沈没した。

山田教授によると、中国・海南島の漁民には同諸島のある南側の水域へ行くよう指示が出ていて、「中国政府は海域支配の証しとして漁船を送り込む。漁船を守るために海警局がいて、その後に海軍がいる。もうけたい漁民と、海洋権益の拡大を狙う国の利害が一体化している」のだという。

日本の領海と排他的経済水域の面積を合わせると、約四四七万平方キロ。中国が実際に支配している海域は約九〇万平方キロと日本の五分の一しかないため、他国の海まで侵略しようという発想が出てくるのだと山田教授は解説する。

こうした事態に南西諸島の防衛を強化するため、日本政府もようやく重い腰を上げた。海上保安庁が二〇一六年度に中国漁船を追尾するための専従部隊を宮古島の伊良部島に配備する一方で、自衛隊も水陸両用車などを備えた上陸専門部隊を二〇一八年度までに宮古島市へ新設する方針を決めている。

その虎網漁船については後日談がある。

「白鷗丸」の橋本高明船長が二〇一五年暮れに、人事院の総裁賞を授賞した。この年だけで白鷗丸は韓国や台湾などの密漁船を八隻も拿捕し、中国の虎網漁制圧にも大きな貢献をしたというのが、その理由だ。

虎網漁船の拿捕をはじめ、東シナ海洋上での無法行為の数々を情報として政府に上げ、これを基に日中両国が協議し、虎網漁船の数がピークの三分の一にまで減り、日本側の海への侵犯もなくなってきた、という。

同じ海を舞台にした命がけの仕事をしながら、海上保安庁の特殊救難隊は映画「海猿」のモデルになるほど話題になるのに、水産庁の漁業取締船の奮闘ぶりに光が当てられることはこれまでなかった。

それだけに、橋本船長は「仲間とのチームワークが評価されて、うれしいです」とはにかみながらも、表情を引き締める。

九州近海には中国のサンゴ密漁船が姿を現しているからで、「彼らは漁師とは呼べない。金になるからと言って、墓場の盗掘をしているようなものだから」として、年明け早々から荒海で目を光らせる。

◉竹島とベニズワイガニ

日本海に面した鳥取県境港市は、ＮＨＫ朝の連続ドラマ「ゲゲゲの女房」の主人公になった漫画家水木しげるさん生誕の地として知られ、年間約三〇〇万人の観光客が訪れる。

しかし、妖怪オブジェが並ぶ町の素顔は生のクロマグロとベニズワイガニの水揚げで賑わう漁業の町で、二〇一三（平成二十五）年十一月中旬の朝、氷雨の降る境漁港市場に足を運んだ。

「三十六番、四個」、「四十三番が一個」――。

セリ人が入札結果のメモを読み上げると、氷詰めにされたベニズワイガニのトロ箱が仲買いの業者によって次々と場外へ運び出されていく。

同港はベニズワイガニの水揚げ日本一で、鳥取から島根沖の日本海の水深一〇〇〇メートル付近に仕掛けられたカニかごで獲るベニズワイガニはズワイガニ（松葉ガニ）に比べ、身に甘味があって水分が多いのが特徴。九月一日に解禁になり、翌年六月三十日までが漁期となる。

ベニズワイを獲るこの海域は、竹島の領有権を争う日本と韓国が境界線画定を棚上げする形で一九九九（平成十一）年に定めた共同管理の暫定海域とほぼ重なるのだが、トラブルが絶えないという。

「韓国船は、はえ縄、底引きと何でもやるのでこの海域は韓国の漁具だらけで、網を切られることもある。日本は漁業規制をしているが、韓国側は取り締まりも甘い」と島根県かにかご

韓国と緊張関係にある日本海で獲れたベニズワイガニ（鳥取県境港市の境漁港）

組合副組合長の長崎俊行さんが語る。

隠岐島から北西へ約一五七キロ離れた竹島。東西の二島と数十の岩礁から成り、その面積は〇・二一平方キロと東京ドームの五倍の大きさ。一九〇五（明治三十八）年に明治政府が閣議決定で日本領土へ編入したが、一九五二（昭和二十七）年に韓国の李承晩大統領が李ラインを一方的に引き、この中に竹島を囲い込んだことから日韓の領有権争いが始まった。

現在では韓国側が竹島に灯台やヘリポートを築き、警備員を常駐させている。二〇一二年八月には李明博大統領が歴代のトップとして初上陸し、日韓関係を緊張させた。

松江市に住む一九二七年生まれの佐々木宏さんは、ニュージーランド沖へイカ釣りに出かけるなど世界中の海で漁をしてきた。戦前と戦後に竹島へ行った経験がある。

終戦前の一九四四年七月、水産学校の実習で上陸した時、隠岐の漁民が建てた小屋の周りにトド（アシカ）の群れがいたのを覚えている。産卵に来たトドの数があまりにも多く、島の形が見えないほどだった。

一九七〇年夏にイカ釣り船で竹島へ近づくと、韓国の兵舎が見えた。夜、岸近くで集魚灯をつけていると、小さな韓国船がやってきて一緒に釣らせてほしいと頼まれたこともあったという。

戦前から竹島の漁業権を持つ隠岐島漁連会長の浜田利長さんは日本各地に講演などで出向き、竹島問題への理解を呼びかける。

昔の漁業者の日記にはアワビの上にアワビがついているほど、アワビはたくさん採れたという記述が見つかるという。

「そんな自分たちの海に近づけないのは、どう考えてもおかしい。竹島を見て見ぬふりをしてきた日本の外交の姿勢に問題があったのではないか」と訴える。

山陰のベニズワイガニ漁は最盛期には四〇隻の漁船が境港にいたが、一一隻にまで減った。

「韓国も経済成長を遂げ、国民も魚をたくさん食べたいが、自分のところの海は広くないから竹島の不法占拠を続けている。政府は日本海の国境はカニかご船の漁師が守っている現実を知ってほしい。漁業者がいなくなれば、韓国側が日本近海へさらになだれ込んでくるのは明らか」。日本海かにかご漁業協会の古木均事務局長はこう言って警鐘を鳴らしている。

四方を海で囲まれた日本はかつて漁業王国として栄えたが、北方領土、サンゴ密漁船が出没する伊豆諸島、虎網漁業の横行する東シナ海、そして韓国と対峙する日本海の竹島周辺へと国境の海を見てくると、四面楚歌状態に置かれていることに気づかされる。

水産大国のイメージに安住し、海の国境政策を持ってこなかったツケが回ってきたようにも感じる。自衛隊などに代わり国境監視を担ってきた漁業者の声を政策に取り入れずに海洋国としての未来はあるのか。国は海洋権益を保護するための政策にも本腰を入れる必要があるだろう。

水産小百科⑦　世界の漁業

一九八八（昭和六十三）年以来、世界一の漁業・養殖生産高を誇る国は中国である。国連食糧農業機関（FAO）によると、二〇一三（平成二十五）年現在の世界の生産高は一億九一〇九万トンで、このうち中国が七三六七万トンと世界の三九パーセントを占める。

中国の漁業生産高はコイなど内水面養殖の割合が八〇パーセント近くを占め、海面漁業生産高は少ないため、一三万国民の胃袋を満たすため、周辺国との間で摩擦を引き起こしている。

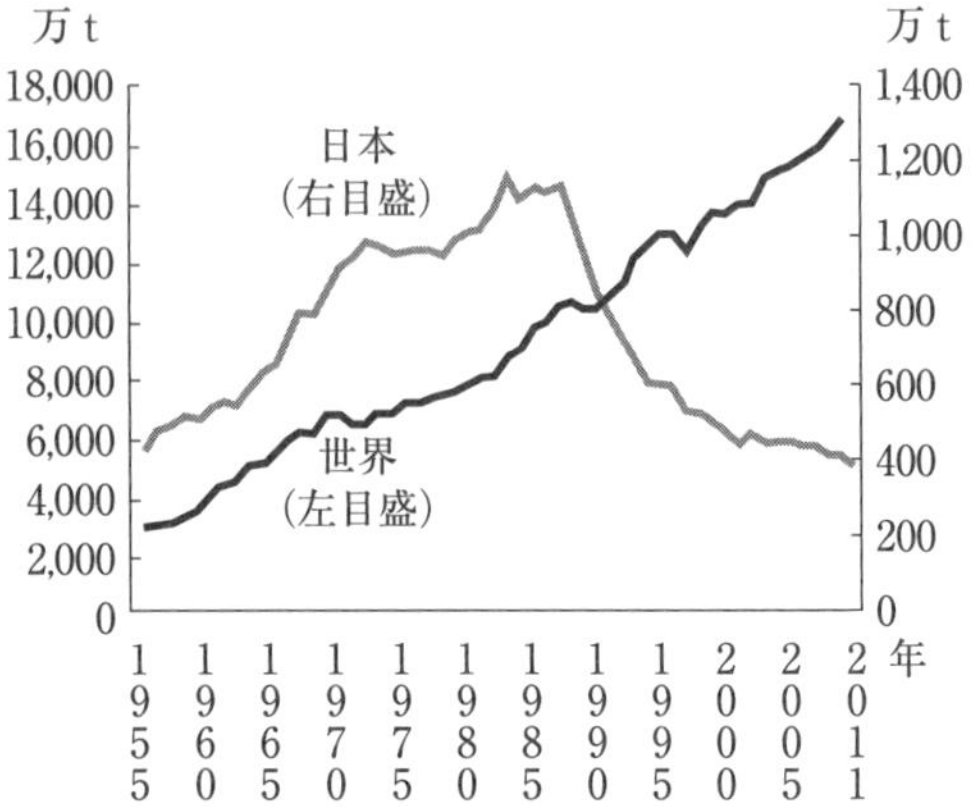

図15　世界と日本の水産物生産量

資料：国連食糧農業機関、農水省調査資料より作成
出典：片野歩『魚はどこに消えた？』ウエッジ

東シナ海に面する浙江省では毎年六月から三か月間、資源保護のため全面休漁や漁具規制をしてきたが、二〇一四年九月、中国農業部は「漁業資源が危機に直面している」と警告した。乱獲や水質汚染などで沿岸部では魚が獲れないため、沖へ出て日本領海内へ侵入して密漁する船も後を絶たず、中国政府は大型の虎網漁船については二〇一三年に新規の建造を禁止した。

しかし、問題になっているのは、漁業許可証も船舶証明書、船籍港のない「三無漁船」で、浙江省には二

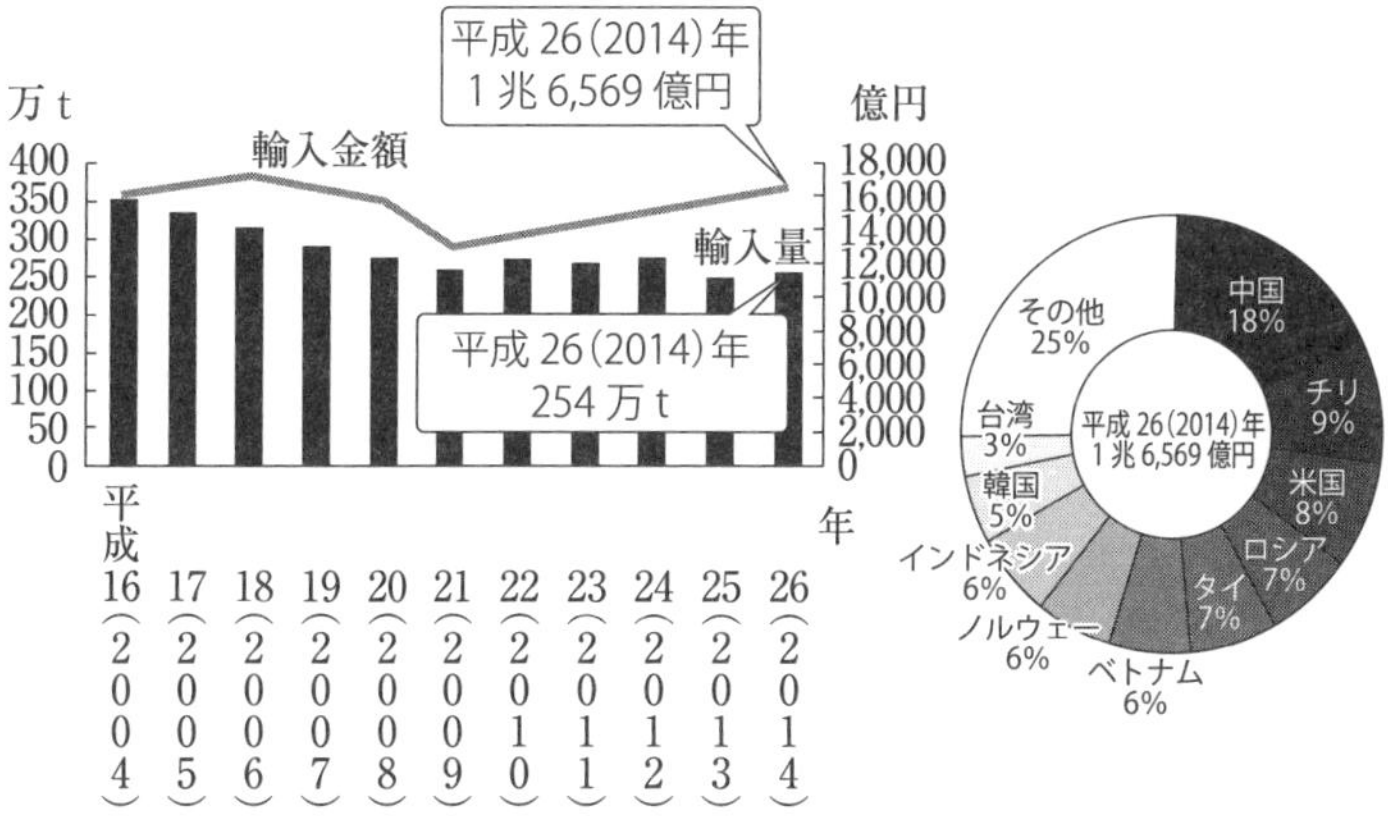

図 16　わが国の水産物輸入量・輸入金額の推移と国・地域別金額内訳

資料：財務省「貿易統計」
出典：2015 水産白書

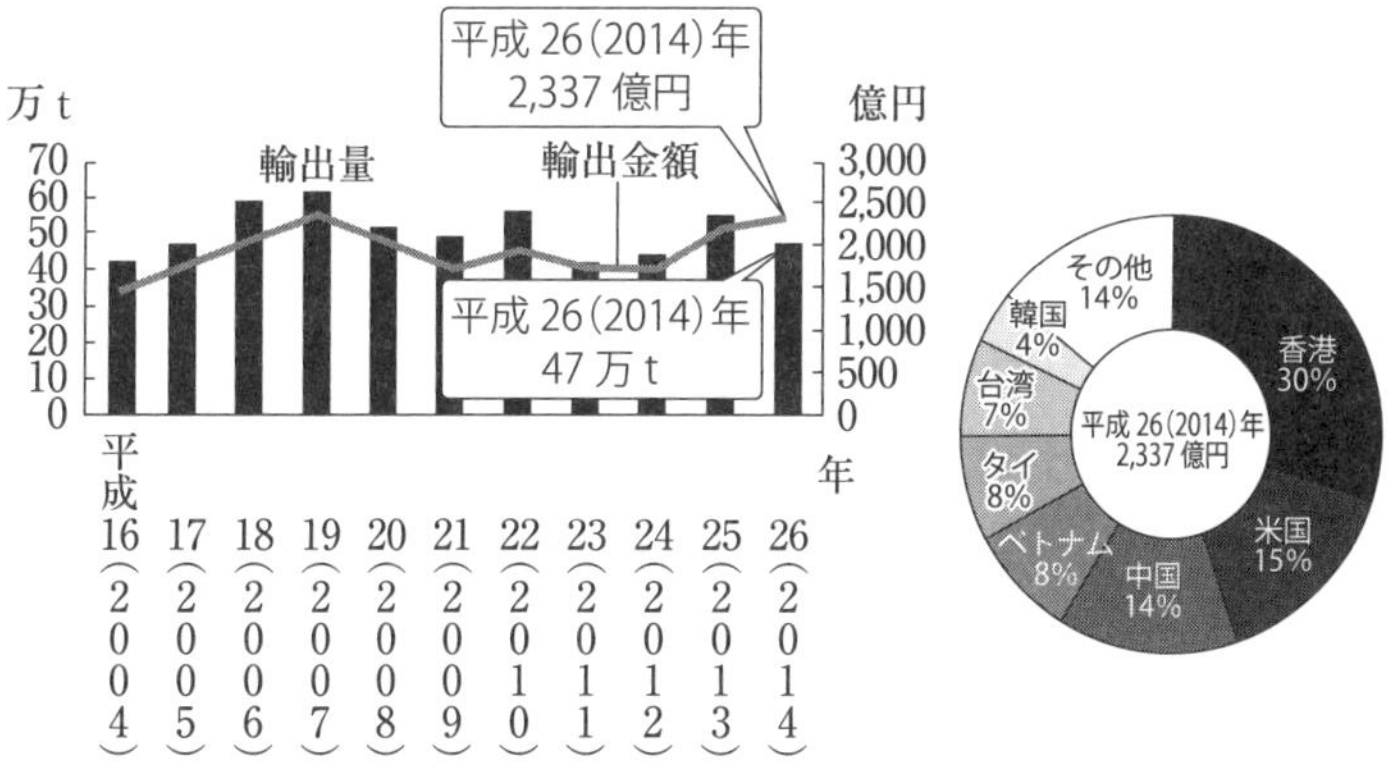

図 17　わが国の水産物輸出量・輸出金額の推移と国・地域別金額内訳

資料：財務省「貿易統計」
出典：2015 水産白書

万二〇〇〇隻の合法的漁船に対し、一万二〇〇〇隻もの三無漁船が横行していてその対策に頭を痛めているという。

インドネシアは一九九〇年代から漁業生産量が増大し、二〇〇六年以降は一貫して世界第二位の地位を占め、二〇一三年は一九二七万トンを記録。特にカツオ・マグロの生産量が増加して日本を上回る世界最大規模となった。インドネシア人は日本の漁船にも多数乗り込んでいるが、トラブルも少なく、船主の評判はいいという。

養殖のエサに使われるカタクチイワシ（アンチョビー）生産の四分の一を占めるペルーは二〇一三年の漁獲高は六〇〇万トンで、世界六位の座にある。エルニーニョ現象によりエサが増減し、漁獲高が左右されるため、日本の飼料メーカーは魚粉の替わりに植物たんぱくを使う養殖用配合飼料の開発に取り組んでいる。

一九九〇年には世界四位だったロシアの漁業生産高は二〇一三年には四五一万トンと世界一一位にまで落ち込んだ。漁業生産の八割は極東で、二〇一六年一月から排他的経済水域（EEZ）内でのサケ・マス流し網漁を禁止した。数十キロの長さに及ぶ網を流して魚を大量に獲るため、ロシア・カムチャツカ周辺の漁民から「サケ・マスが産卵のため河川を遡上できない」と苦情が出ていたからという。

これに伴い、ロシア極東の流し網漁船約二〇隻が廃業に追い込まれるが、日本への影響も大きく、戦前から続いていた北洋サケマス漁も最終的に終止符を打たれることになった。

第八章 養殖新時代

国境の海は波が高くなり、魚は減って、海の狩人も高齢化して……と日本の水産業を取り巻く条件は年々厳しくなっているが、新しい潮流も起きている。

かつては養殖が難しかったクロマグロの完全養殖に近畿大学が成功し、東京や大阪にそれを専門に食べさせる店が開店し、繁盛している。三重の尾鷲では冬の魚・ブリを夏場も旬という魚に養殖する技術を開発し、瀬戸内海では果実の皮を混ぜたエサを食べて成長した「フルーツ魚」を都会へ出荷して話題になっている。魚固有の生臭さが少ないそうだ。

政府は二〇一三（平成二十五）年度にまとめた水産白書のテーマを「養殖業の持続的展開」と決め、白書全体の三分の一を養殖に関する記述に割くほどの力の入れようだ。世界の漁業の潮流になっている養殖は水産国・日本の未来を切り開くためにも欠かせないと指摘している。

三〇年前に各地の養殖現場を訪ね歩いた時はいけすでの密飼いによる魚病の頻発などの問題を抱え、養殖魚は天然魚に比べれば、値段もはるかに安かった。生産現場の漁家では自分たちが食べないハマチの奇形魚をこっそり出荷して、切り身にして売っている消費地の鮮魚店もあった。

それが、ワクチンの普及で魚病は減り、エサの質も向上し、品質の高い魚が出回るようになってきた。特に、マダイは「必要量が確保できて、脂の乗りがいい」という理由で、天然より養殖ものの方に高値が付くこともあるそうだ。

江戸時代、人々がマグロのトロには目を向けなかったのは脂っこいからだが、現代の人々は寿司店で競ってトロを注文する。「脂が少ない大トロを握って」と注文したセレブな女性がいたという笑い話も聞くほどだ。

グルメの時代のキーワードは脂肪のうま味に尽きるようだが、素材本来の持ち味にこだわるのが真のグルメではないか。今気になるのは天然の魚が市場や消費者に軽視されるようになると、苦労して沖へ出る漁師の意欲をそぐことにもつながりかねない点だ。

宮城県塩竈市で「すし哲」を営む白幡泰三さんは「養殖のホンマグロにも良いものができているが、人工飼料などのエサの味は残る。大海原を猛スピードで泳ぎ回り、サンマやイワシを腹いっぱい食べて成長するマグロにかなうはずはなく、自分は天然物を握っていきたい」と話す。

年中うまいものが手に入る時代は便利かもしれない。しかし、現代に生きるわれわれは感性まで大トロ化していないだろうか。自身の腹回りに手を当てながら、そんなことを考えることがある。

◉山で育つマグロ

直径八メートル、水深三メートルの巨大な水槽に、クロマグロが悠々と泳ぎ回る――。壁に黒い線がグルグルと引かれているのはマグロが衝突するのを防ぐための措置だ。

二〇一三（平成二十五）年の六月に岡山市郊外の丘に立つ岡山理科大学の研究塔を訪ねた。

「太平洋側に巨大な津波が押し寄せ、養殖施設が流されたら日本では食料不足が決定的になるじゃないですか。その時に備え、内陸でも海の魚を養殖しなければ。カギになるのはどんな水を使うかです」

こう語るのは漁業や水産の世界に詳しい工学部の山本俊政准教授で、彼が開発したのが「好適環境水」という特殊な淡水だ。魚の浸透圧調整に関わるカリウムとナトリウム、カルシウムを溶かし、これまでトラフグやウナギなどを育てて出荷したが、地元の高級デパートでも好評だったという。

海のダイヤとまで呼ばれるクロマグロは近畿大の研究成果を基に西日本の各地で養殖されている。山本さんの研究室で

クロマグロの養殖水槽には、魚が壁に衝突しないように黒い線が引かれている（岡山市の岡山理科大で）（提供：岡山理科大・山本研究室）

も二〇〇七年から好適環境水を使って陸上の養殖実験を始めた。

マグロは光や音に敏感で、泳いでいるうち水槽の壁に激突するので飼育が難しく、二〇一〇年に豊後水道で獲った体長三〇センチの一〇〇匹を水槽に入れたが全滅。二〇一一年に三六匹、二〇一二年に三〇匹を追加し、二匹が生き残っただけだった。

餌は海での養殖と同様解凍したイワシやサバを使うが、好適環境水で育つマグロは成長が早く、病気に強いのも特徴。水槽の水は栄養分を含んでいるので排出すれば野菜栽培に利用できるため、閉鎖循環式の陸上養殖として水産庁も注目している。

山本さんは「この方法なら山奥でも海の高級魚を養殖できるので、限界集落問題の解決にもつながるかもしれない。農協がマダイを出荷するような時代が来たらおもしろい」と自身の夢を話している。


日本の養殖漁業がどのレベルに達したかを象徴する事例として、水産学者ではなくて工学部の専門家が山の中でマグロを育てる話を紹介したが、各地の養殖現場はどうなっているのだろうか。二〇一三（平成二十五）年に北海道から九州までの各地を取材で歩いた。

この年の夏、九州はことのほか暑かった。長崎で沿岸漁業の取材をした後、雲仙・普賢岳を眺めながら島原経由で天草海をフェリーに乗って、熊本へ渡り、九州新幹線で鹿児島の出水へ。

世界一のツルの渡来地として知られる町だが、ここでオレンジ肥薩鉄道というローカル線に乗り、青い海を見ながら三〇分ほどで阿久根駅に下車する。

タクシーに乗って黒之瀬戸大橋を渡り長島町へ入ったが、緑の多い島の周囲は潮の流れが速くて、入り江も多く養殖漁場に向いているようだ。小一時間で鹿児島県最北端の東町漁協（長元信男組合長）に着く。

単一漁協としては養殖ブリの出荷量日本一を誇り、ホタテガイを養殖する北海道・網走の常呂漁協と並んで経営が順調な漁協として全国の水産関係者から注目を集めている。

東町漁協を訪ねた時期は、環太平洋連携協定（ＴＰＰ）の政府間交渉が米国など一一か国との間で始まったころで、日本は水産物の関税を撤廃し、輸入自由化を迫られていた。その対抗策として期待される海外輸出に大きな壁が立ちはだかっていたことは当時あまり知られていなかった。

農産物についてはコメに七七八パーセントもの高い関税をかけてきた農業関係者の間では「ＴＰＰには絶対反対」との声が強かった。しかし、水産についてはかつて魚の缶詰の輸出が盛んな時に、原料のマグロやサケを輸入しやすくするため関税を低くしてきた経緯もあり、水産物の関税は平均四パーセント程度で、漁業関係者の間ではそれほど大きな反対の声にはならなかった。

「ＴＰＰでの米国の狙いは、食品衛生管理の国際規格（ＨＡＣＣＰ）認定を受けた水産物を域内に流通させようということにあるのです」と指摘するのは近畿大農学部の有路昌彦准教授で、日本の水産加工施設でこの規格を取得しているところは約二五〇か所（水産庁調べ）しかなかったという。

「米国ではすべての工場でＨＡＣＣＰによる製造管理を義務付けているので、この規格を持っていなければ水産加工品を将来米国に輸出できない恐れも出てくる」という有路さんが、その模範例として取り上げたのが東町漁協だった。

ここで、ＴＰＰについて少し補足する。

当初日本の水産業界にとって最大の脅威は、年間一四〇〇億円に達する漁業補助金の行方だった。米国やオーストラリアが環境保護団体の主張を受けて撤廃を迫ってきたからだ。補助金で漁業者を助け、漁港まで造るのは、魚の乱獲につながる——という理屈だ。

日本側は「漁業は日本を代表する食料供給産業」としたうえで、高騰する燃油の補助、漁場整備、乱獲を防ぐための休漁支援などに補助金は欠かせないと反論し、米国などの主張には賛同者が広がらなかった。

ＴＰＰは最終的に二〇一五年十月に決着し、約三四〇品目の水産物のうち、海藻類の一〇品目を除いてすべての関税が段階的に撤廃されることが決まった。

具体的には、カレイ、ギンダラ、カツオ（いずれも関税は三・五パーセント）などは即時撤廃、マイワシ（同一〇パーセント）は六年目、ホタテ（同一〇パーセント）、太平洋クロマグロ（三・五パーセント）は十一年目に撤廃する。

これにより、安価な魚介類の輸入で、零細な沿岸漁業への影響が心配されると同時に、牛肉など畜産物の関税の大幅引き下げによって、消費者の嗜好が魚から肉へさらに移行するのではと不安視する声も漁業者の間では出ている。


東町漁協に話を戻すが、漁場は長島の西にあり、東シナ海と八代海の海水が引き起こす海流の変化で、干満の差が最大四メートルというエネルギーが生まれ、身のしまった養殖魚を育てる。年間平均水温一九度という環境も養殖には最適だそうだ。

この海で一九六六（昭和四十一）年からブリの養殖を始め、現在の生産高は年間約二〇〇万本。「鰤王」のブランド名で販売に力を入れているが、八二年には対米輸出を始め、今では総生産量の二割近くを米国や欧州諸国などに輸出している。

ブリは海外の日本食レストランではマグロ、サーモンに次ぐ人気だが、これらの魚と違って海外では養殖できず、日本だけが養殖の本場となっている点が強みになっている。

二〇一二年の日本の輸出量は四〇四九トン、金額で五十八億円と四年前の四倍以上に伸びているほどだ。

東町漁協は一九九八年にHACCPを日本で初めて取得しており、欧州連合（EU）にブリを輸出できる施設の認証も持っているので、TPPについては賛成の立場を明らかにしてい

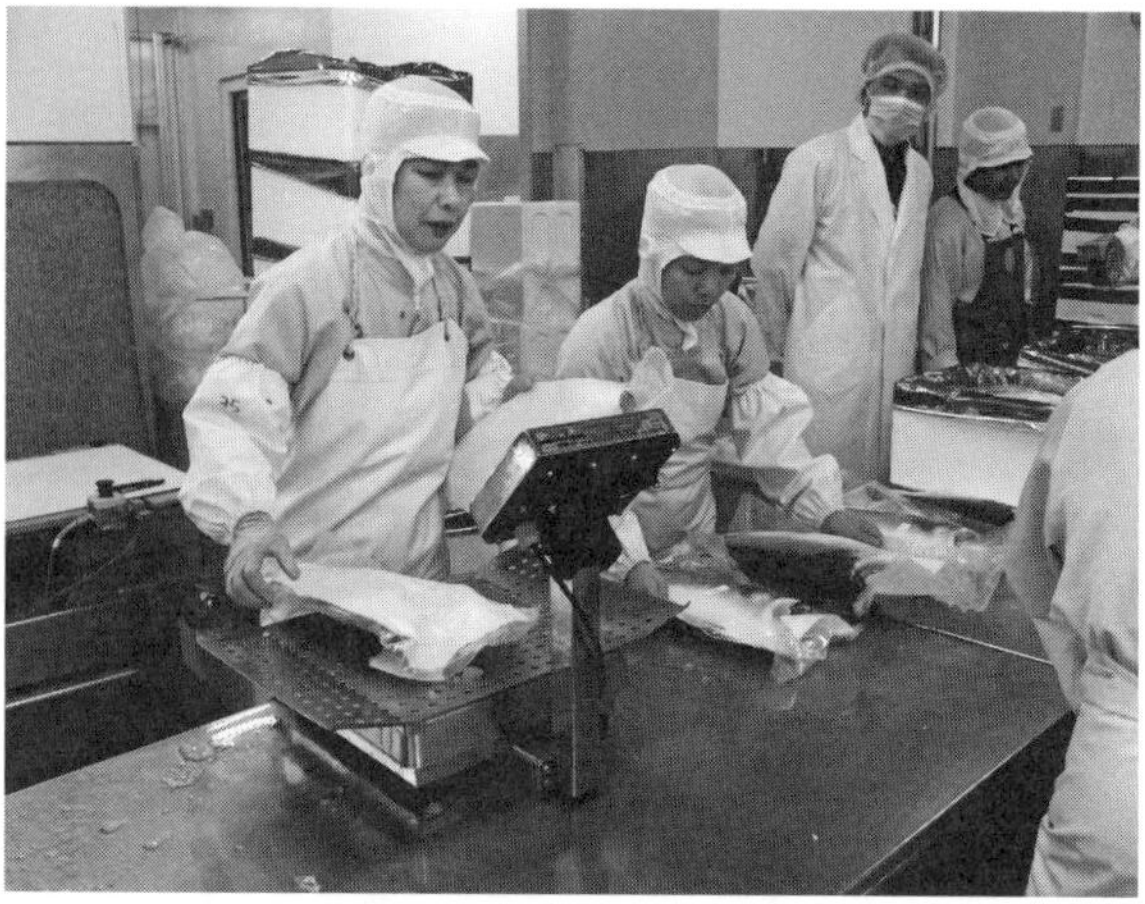
最新の衛生的な加工施設で真空包装したブリの重さを量る
（鹿児島県長島町の東町漁協）

る。

その理由について漁協第二事業部長の島田圭三さんは「国内の魚需要が伸びない以上、今後は輸出にさらに力を入れざるを得ない。そのためにも国際的な衛生基準を守る必要がある。自分たちで育てた魚は人任せにするのではなくて、自らが売る時代になってきたと思う」と説明している。

島田さんに案内され、漁協のＨＡＣＣＰ対応の加工施設を見学した。現在ブリは漁協に所属する約一三〇人が約四〇か所の漁場で肉質を改善するためのオリジナルの人工飼料で育てて、品質が均一化するよう努めているという。

午前五時にいけすからブリを水揚げして、七時半に加工場へ運び入れる。受け入れから製品の出荷までを「汚染区」、「準清潔区」、「清潔区」などの管理空間に分けて、薬剤・異物混入、細菌汚染などの安全面を確認しながら、宇宙服のような防護服を着た職員たちが切身などの加工作業を続け、同時にモニタリングの記録を残していく。

また、トレーサビリティー（生産流通履歴）システムも導入して品質管理には万全を期している。

東町漁協は二十代から三十代の若者が多いのが特徴で、参事の山下伸吾さんは「若い連中が田舎の島に残ったのも、漁業に魅力があるからじゃないですか。自分たちは何事も日本で一番になることが好きな集団。海外への輸出量を出荷量全体の五割まで持っていきたい」と将来の抱負を語っている。

◉養殖の光と影

梅雨の合間となった二〇一三（平成二十五）年六月初めの三重県・尾鷲湾。日本で最多雨地域の漁港から船で一〇分ほど沖合へ。養殖いけすからクレーンを使ってピチピチはねるブリを甲板に移し、漁師がえらに刃物を当て、活《い》け締《じ》めにした魚を船で岸へ運んでゆく。

「ブリといえば旬は冬だが、夏場にも脂がのったうまい魚を育てることに成功したのです。輸入の養殖サーモンは品質が一定なので、一年を通してスーパーの店頭にあふれているが、一〇年後には国産ブリでそのスペースを奪い返したい」と熱く語るのは尾鷲物産飼料増養殖部長の桑原宏さんだ。

夏ブリの秘密は同じ黒潮が洗う高知県・宿毛湾にあった。

種子島海域で全国に先駆けて解禁されるモジャコ（ブリの稚魚）のうち優良種を採取して冬

場の水温低下が小さい宿毛で人工飼料を使って育て上げる。

作業に当たる貝崎力さんは「いけすの中の飼育数を減らし、病気が出ないよう注意するのがポイント」と話す。

ブリは三年魚になると産卵して、身がやせるので、産卵前の二年魚を早く大きく育ててから尾鷲のいけすへ運び、量販店や回転ずし店の需要に応じ出荷する仕組みになっている。

「養殖魚は肉質をコントロールできる餌が開発され、以前と比べ格段においしくなった。天然魚の旬は限られるが、養殖魚は一年を通して味が安定している点が魅力」と近畿大農学部の有路昌彦准教授は語る。

国内市場での需要に限りがあるとみた尾鷲物産は「ブリは日本を代表する魚。海外では養殖できないので、いくらでも有望なマーケットがある」（小野博行社長）として、本格的な輸出に乗り出すための準備を進めている。


その紀伊半島の突端からＪＲ紀勢線で大阪へ出て、山陽新幹線に乗り換え、九州の小倉へ。在来線を使えば、瀬戸内の海沿いを走ることもできるが、新幹線はトンネルをくぐることが多くて車窓の光景はあまり楽しめない。

九州の西半分は鹿児島新幹線開通でスピードアップしているが、東半分は旧来のままの日豊本線の鉄路なので、特急スーパーにちりんで四時間かけて宮崎県延岡市へ入る。

旭化成の城下町として知られる宮崎県第三の都市も中心部を車で三〇分も離れれば、宮野浦というリアス式海岸に出る。

この地で二代目漁師の中西茂広さん、彬裕さん父子がマサバの養殖に取り組むようになって十年余。一九五六（昭和三十一）年生まれの茂広さんは「サバはデリケートな魚なのでいけすの中では密飼いをしないで、薬を使わず健康的に育てるのがうちのやり方。脂ののりが良く、天然ものより高い値段が付く」と誇らしげに語る。

「ひむか本サバ」のブランド名で知られ、内閣総理大臣賞を受賞したこともある。七割が関東地方で、三割を地元宮崎で消費するが、延岡の料理店「網基」経営河野仁さんは「刺し身で食べると甘みがあって、関サバに負けない味。出張に来たお客さんに喜ばれています」と胸を張る。

鹿児島県の東町漁協の養殖ブリの取材を終えてから四国へ渡った二〇一三（平成二十五）年八月――。

真夏の太陽が照りつける愛媛県宇和島市の宇和海では、県認定漁業士の川本敏雄さんが養殖いけすに餌をまくと、高級魚のマハタが次々と浮かんできて、海面がバシャバシャと波立つ。

「週に二回、温州ミカンの果皮を使った人工飼料を与えています。魚が健康に育ち、食味も良くなるので。生魚を餌に使っていたころは海を汚したが、今では海はきれいになったと思う」

　リアス式海岸で湾底が深い宇和海は養殖に適するとして、半世紀前に真珠やハマチの養殖が始まり、愛媛県は日本一の養殖産地となった。しかし、エサの沈降などによる漁場環境の荒廃で、養殖漁業の将来にも陰りが見え、バブル経済の崩壊とともにマダイの値崩れも始まった。

　そんな局面を切り開こうとした動きが、二〇〇九年に発足した愛媛県認定漁業士制度だ。若手の漁業者が付加価値の高い魚を育てるために、最新の養殖技術や六次産業化を目指した販売方法などを学ぶ。約三〇人のメンバーで県認定漁業士協同組合を設立し、川本さんはその組合員の一人だ。

温州みかんの皮を使った餌を海面にまいて高級魚マハタを養殖する（愛媛県宇和島市の宇和海）

　一九七八年生まれの川本さんは養殖漁家の二代目。現在養殖に力を入れているマハタは白身魚でコラーゲンが豊富で、刺身をかみしめると、独特の甘みと芳香が口中に広がる。味はクエに近く、「幻の魚」とまで呼ばれ、現在四〇〇〇〇匹を育てている。

マダイと比べ出荷するまで三―四年と時間がかかるが、天然のマハタは少ないために重宝され、全日空国際線の機内食で和食の食材に使われたり、県外の一流料亭などにブランド魚として出荷したりして人気を集めている。

「手間をかけて育て上げた魚は、それにふさわしい値段で買ってほしい。そのために自分たちで魚を売る努力もしなければ」。認定漁業士組合を発足させた狙いを松本嘉晃理事長はこう語る。

水産物の流通はかつての市場主導から量販店による買い手主導に変わり、品質のいい魚を出荷しても買いたたかれる場合もある。地元の漁協任せにするのではなくて、自分たちも販売ルート開拓に動かなければと、漁業者自らの意識改革の必要性を感じるという。

「水産の後継者が少ないのは、漁業がもうからないからだと思う。採算がとれれば若者も漁業に夢を持つようになり、担い手も増えてくるのでは」と川本さんは語る。

そんな愛媛の養殖漁家に衝撃を与えたのが二〇一二年夏の赤潮禍だった。宇和海全体で約一八〇万匹のタイやハマチが死に、過去最悪の一二億三〇〇〇万円もの被害を出したからである。

「赤潮が来たら餌を止め、いけすを移動させる。自然のなせる業だから赤潮とは上手に付き合っていくしかないのです」と川本さん。

赤潮はプランクトンの異常増殖により発生するが、原因は海の富栄養化だけにあるのではなく、海流や気象などその他の要素も関係してくるのだそうだ。

宇和海周辺では毎年のように赤潮が発生するが、問題となるプランクトンは主に植物性のカレニア・ミキモトイなど四種類で、魚介類のエラに付着して呼吸ができなくなるという。海水の色が変化してから検出するのでは対策が後手に回るので、その兆候の早期発見が課題になっている。

宇和海南部の愛南町にある愛媛大南予水産研究センターでは太田耕平准教授が、海水中のプランクトンのDNAを週に一回解析することによって赤潮予知の研究を進めているが、「二〇一二年の赤潮は九州北部に降った大雨が豊後水道に流れ込んだ影響もあるのではないか」と話している。

「養殖新時代」とまでもてはやされるようになった養殖漁業だが、光に対する影の部分も依然として存在するのである。

二〇〇九（平成二十一）年十月、業界関係者にとって過去の悪夢を思い起こさせるような事態が起きた。三重県のある漁協の組合員が、国が使用を禁じている環境ホルモンで有機スズ化合物のTBT（トリブチルスズ）をハマチ養殖漁場で防虫用に使っていたことが明るみに出たのである。

ＴＢＴは養殖用の漁網や船の底に貝や海藻が付着しない効果があることから、かつては「海の除草剤」と呼ばれた。一九八二年に西日本一帯で背骨が曲がった養殖ハマチが大量に出回った事実をつかみ、これを大きく報じたことがある。当時、奇形との因果関係を疑われたのが、ＴＢＴ（当時はＴＢＴＯ＝トリブチルスズオキサイドと呼ばれた）だった。

四国各県の養殖漁場を取材で歩いたが、高知県のある漁場では奇形ハマチを「えがみ」や「げーもん」と呼び、こっそりと出荷し、消費地の鮮魚店ではこれを切り身にして格安値段で売っていた。養殖漁業者は自分たちではこうした魚は決して食べない、と聞いていただけに、モラルに反する行為と受け止めたものである。

ハマチを育てるためにはブリの稚魚であるモジャコを養殖いけすに入れて育てるが、いけすの網に染み込ませていたＴＢＴが溶出して魚体に影響を与えたのではないかとも専門家から指摘された。

これらの事態が明るみに出ると、消費者団体が「食の安全性が問われる」として抗議活動に動きだし、養殖漁家たちは「魚が売れなくなる」と言って頭を抱えた。

ＴＢＴは一九九〇年には通産省と厚生省が神経中枢を侵すなどの有毒性が確認されたとして、製造輸入を全面禁止にした。

その後、自然界では分解しづらく、微量でもメスの貝類にペニスが生える「オス化」の生殖異常を引き起こすことが分かってきた。

二〇〇九年に発覚した三重の漁協の騒ぎはそんないわく付きのＴＢＴをいまだに漁場で使っていたことが白日の下にさらけ出されたわけで、この組合員は「有害だとは知っていたが、昔から持っていて、処理に困って使ってしまった」と話したという。

この漁協で育てていた養殖魚からＴＢＴは最終的に検出されず、出荷が再開されたが、抗生物質の乱用に象徴される三〇年前の養殖の世界が思い出されたのである。

◉温暖化で異変

猛暑に見舞われた二〇一三（平成二十五）年の夏、北海道の網走地方を取材で歩いた。

網走といえば、高倉健主演の映画「幸福の黄色いハンカチ」に出てくる食堂の場面を思い出す。網走刑務所を出所した健さんがささやかな祝いとしてラーメンとかつ丼を注文する。ビールを飲み干し、丼にはしを突っ込み、ガツガツ平らげていく。

健さんも今ならかつ丼ではなく、ザンギ丼を食べたらどうだろうか、などと考えた。地元で獲れたサケをしょうゆに漬け、空揚げにしてからご飯にのせたもので、新たなＢ級グルメとして人気を集めている。網走の街中では「ザンギ丼あります」の旗が随所で風にゆらめいていたからだ。

そんな北海道東部の沿岸では漁業に異変が相次いでいた。

サンマの流し網に大量のイワシが入り、サケの定置網には暖水を好むクロマグロがどっさりと迷い込んだ。地球の温暖化に伴う海水温の上昇が原因とみられるが、九月に入ると、オホーツクの浜辺も落ち着きを取り戻し、いつものホタテ漁でにぎわいを見せるようになった。

「ウチのホタテは薄く切ってから塩を振り、軽くあぶって食べるとグリコーゲンの風味が舌に残ってうまい。かつては乱獲でホタテが採れなくなりどん底を経験したが、資源管理をしてここまで回復させたのです」と北見市の常呂漁協組合長高桑康文さんは語る。

ホタテの入った網をクレーンで引き揚げ、トラックへ（北海道北見市の常呂漁港）

オホーツク海と全国で三番目に広いサロマ湖を漁場に持つ同漁協のホタテ漁には百年の歴史がある。二〇一二年の生産高は約四万八〇〇〇トンと過去最高を記録。この年十二月、同漁協は単一組合として全国で初めて貯金残高が二〇〇億円を突破し、獲るだけの漁業から栽培漁業へ転換した成功例として脚光を浴びた。

その秘訣は組合員（一五〇人）一人当たり二〇〇万粒の稚貝放流の義

務付けと「四輪採方式」という独自の漁獲方法にあった。

これは漁場を四区画に分けて稚貝を放流し、一年ごとに一区画で操業する仕組みで、一九七九年に導入した。実際の漁は一三隻の船が午前四時半ごろに出港し、沖合で熊手のような爪のついた「八尺」という網で海底を引き、目安量（約二〇トン）のホタテを採ったら港に戻る。


水揚げされたホタテは加工業者が引き取り、五パーセントくらいを海外に輸出するが、冷凍貝柱は米国に、乾燥貝柱は中国・香港への輸出が多いという。

「中国への輸出の歴史は古く、冷凍貝柱も昭和四十年代から米国へ送り出していた。環太平洋連携協定（TPP）は日本の水産業に打撃を与えるというが、輸出に頼るうちの場合、影響は少ないと思う。ただ、ホタテもサケもよく獲れるが、地元に加工能力がないため、道外から来た冷凍車に持っていかれてしまうのが残念です。何しろ人間の数よりクマの方が多く生息する土地柄なので」

こう言って苦笑いした高桑さんは、北海道のホタテ漁業がこの年五月に「海洋管理協議会（MSC）」の認証を取得したことも輸出への追い風になるとみている。環境に配慮した持続可能な漁業として世界的に認められ、「海のエコラベル」を付けた製品の販売が可能になるからだ。

そんな好調なホタテ漁とはいえ、一九四八（昭和二十三）年生まれのベテラン漁師の田中敏晴さんは「ここ数年、稚貝を育てるサロマ湖で網の微妙な汚れが気になる。ホタテが過密養殖にならないよう気をつけなければ」と話している。

オホーツク海へ流れ込む常呂川はかつてパルプ工場の垂れ流す排水でサケ漁に大きな打撃を与えた。昭和三十年代初めのことだが、常呂漁協の漁師は工場に乗り込み抗議行動を起こし、工場を移転させるとともに、一九六二（昭和三十七）年から常呂川の源流域の山林を買い取って植林活動を展開し、清流が戻った。

その時のスローガンが「森は海の恋人、川は仲人」で、これまで背後の山に六四万本もの木を植え、漁場環境を維持するよう努めてきた。その先進的行動力を評価する人は多く、宮崎県出身の民俗芸能研究家、鳥集忠男さんも常呂町の活動に触発されて、霧島山地にドングリの森を育てる運動を起こした。

宮城県気仙沼市で「森は海の恋人」と銘打って畠山重篤さんたちが植林を始めた一九八九年よりはるか前に、北海道東岸では本格的な植林活動が起きていたのである。

◉マイナー魚ビジネス

北海道にクロマグロを回遊させた地球の温暖化は、列島各地の海で異変を生じさせている。

大気中の二酸化炭素（炭酸ガス）が増える温暖化は海水温を上昇させるだけでなく、海面からの海水蒸発量の増加や豪雨の増加による塩分濃度の変化、海流の向き、海水の表層と底層の混ざり具合などに影響を与える。

日本では二十世紀中に平均気温が一度上昇したが、「このわずかな水温の変化が魚の分布図を書き換える」というのが専門家の分析で、今後海水温の上昇に伴い、回遊魚の漁場がさらに北上するとみられる。

今世紀末には秋が旬のサンマは冬によく獲れるようになり、サイズが小型化し、漁獲量が減るとの見通しも。冷たい海を好むサケは日本の海からほとんど姿を消すのでは、という北海道大学の研究者グループによる衝撃的な報告もあるほどだ。

沖縄気象台は二〇一五年九月に二十一世紀末の県内平均気温が二十世紀と比べ二・四度上昇し、現在のベトナム中部並みの約二五度に上がるとの予測を発表した。水温も二度上がり、サンゴなどへの影響が心配されている。

大気中に増えた炭酸ガスは海に溶け込むことで、「海洋の酸性化」という現象を引き起こす。アワビやウニなどに影響を与える恐れもあるという。

網走を訪ねる一か月前、長崎へ「海の砂漠化」ともいわれる磯焼け現象の取材に出かけた。東シナ海に面した長崎県では一九九八（平成十）年に対馬西岸で海藻が消失する現象が確認された。アイゴやブダイなどの磯魚がクロメの群落の葉をほとんど食べてしまったのだが、ここ十数年、磯焼けは野母半島など長崎県の沿岸部全域に広がっている。

背びれに毒を持つアイゴ。調理の際には注意が必要だ（長崎市の居酒屋「長崎いか処」）

アイゴの稚魚の塩漬けを豆腐にのせたスク豆腐。琉球泡盛の肴に欠かせない一品だ

西海区水産研究所の研究者は「磯焼けは海水温の上昇でアイゴの活動が活発化しているからとみられ、伊勢エビやアワビなどの子が育つ藻場がなくなり資源への影響も大きい」と懸念を示しているが、アイゴの食害が原因の磯焼けは列島を北上し、現在では東京湾でも見つかっている。

「夏場の長崎でこんなにうまい白身魚はありませんよ。宝魚といってもいいくらいだ」。長崎市の居酒屋「長崎いか処」で包丁をふるう山崎正之さんが磯魚のアイゴを料理するようになって一〇年がたつ。

地元ではバリと呼ばれる体長二〇—二五センチの茶褐色の魚。梅雨時から秋にかけて定置網に入るが、特有の臭みと背びれに毒を持つことから食材としては敬遠されてきた。

アイゴの稚魚を塩漬けにしたスクガラスを豆腐にのせた料理が沖縄で食べられているように、元は南の海に生息する魚だった。それがここ十数年、野母半島など長崎県の沿岸部でも数が増え、海藻を根こそぎ食べる磯焼け現象が広がっている。

「アイゴは海藻を食べるから臭いがきついが、かんきつ類の果汁でそのクセを消せる。本来はカワハギに似た味の魚で、脂も甘みもあるのが魅力」。こう語る山崎さんが姿造りににぎりずし、南蛮漬け、茶漬けとフルコースを堪能させてくれる。

そんな未知の可能性を持ったアイゴを県外へ売り出そうとしているのが、元長崎県漁連職員の西崎茂一さんだ。「冷凍してもタイのように身質が変わらないので、すり身にするとおいしいし、白身バーガーもお薦め」。大量に水揚げされた時に備え、関東や関西の生協や量販店に販路を広げようと、飛び回っている。

瀬戸内の高級魚と呼ばれるオコゼも毒のヒレを持ち、見た目もグロテスクであることを考えれば、ションベンウオの蔑称を持つアイゴが大ブレイクする日もいつか来るのかもしれない。

日本人の食生活は二〇〇六（平成十八）年に肉類の摂取量が魚介類を初めて上回り、魚離れが続いている。水産物をどうやったら消費拡大できるか――。水産庁は家庭で手間をかけずに調理できる商品を「ファストフィッシュ」として推奨したり、ＪＦ全漁連（全国漁業協同組合連合会）は各都道府県の漁師自慢の魚を「プライドフィッシュ」と名付け、紹介する活動を続けている。

青森のヒラメや石川のアカガレイ、京都の丹後グジ、岡山のマナガツオ、高知のキンメダイ……と各地の漁師が「現場を知るおれたちが一番うまいと思う魚」はどれもグルメの時代にもてはやされるが、その一方で耳慣れない魚を集めて商売を成り立たせている若者がいる。

アカヤガラ、ミノカサゴ、カイワリ……。

赤や黄の色とりどりの魚が発泡スチロールのトロ箱に詰め込まれ、京都市右京区の居酒屋「66アート」に送られてきた。

二〇一四(平成二十六)年一月のことで、この日は愛媛県の愛南漁協が獲った魚の数々で、五〇〇〇円のセット。通常であれば捕獲後船上から海洋投棄されたり、水揚げされてもトラ箱に入れられて市場の片隅に放置され、ほとんど市場流通していない魚だが、漁師や仲買人の食卓には時折並ぶ魚の数々だ。いずれも味は折り紙つきで、店主の矢野瑞樹さんは刺し身六種盛九〇〇円にして出し、常連に好評だ。

「ウチは鮮魚と有機野菜の料理が看板で、コンセプトは驚き。味の良さも楽しんでもらっています」と矢野さん。

このマイナー魚とも未利用魚とも呼ばれる魚を専門に扱っているのが、「食一」(京都市左京区)を経営する田中淳士さんだ。

田中さんは一九八六年生まれ。佐賀県伊万里市で育ち、実家が鮮魚の仲買をやっていた。同志社大三年の時、京都商工会議所のビジネスコンテストで産地と飲食店を結ぶプランで優勝し

市場に出回らない魚の数々を手に「よそでは食べられない魚を出して店の看板料理に」と話す田中淳士さん（京都市の居酒屋「66アート」で）

たのをきっかけに、自ら各地の浜へ通うようになった。

「流通にのらないで捨てられている魚を見つけたが、食べてみると味は悪くないので、高値で引き取ることにした。漁業者を支えたい気持ちもあったのです」と語る。

山田吉彦著『日本は世界4位の海洋大国』（講談社α新書）によると、未利用魚の漁獲比率は、底引き網漁では四〇パーセントから五〇パーセント、定置網漁、まき網漁では二〇パーセント程度と推定されている。日本近海で行われている漁業全体では、三〇パーセントが未利用魚として、海に捨てられているようだ。

田中さんは北海道の釧路から鹿児島の枕崎に至る全国約百数十の漁協と取引するようになり、売り上げは毎年倍増、年商は約五〇〇〇万円に。「未利用魚を扱う上での問題点は、数量と入荷の不確実性だが、多くの漁協と付き合いがあるので、『台風が来ても、食一に頼めば産直の魚が手に入る』とまで言ってもらえるようになった」と言う。

食一のような未利用魚を専門に扱う水産会社が近年増えてきているそうだ。

最近ゲンゲやニギスなどの珍しい名前の魚を居酒屋で見かける。

ゲンゲは新潟県の上越地方から富山沖にかけての日本海側の深海に生息する寒天状の細長い魚。干してあぶると日本酒に合うが、鮮度が落ちるのが早く首都圏では知られていなかったが、体力回復効果が注目され、栄養補助食品が開発されている。

ニギスも沖ウルメなどの地方名があり、日本海や福島以南の太平洋側の水深二〇〇メートルの海底に棲んでいる。塩焼きにしたり、つみれにしたりするが、白身でクセがない味がツウに好まれている。

これらの深海魚は見た目の印象は良くないが、脂が乗っておいしい魚が多い。が、スーパーの店頭にたまに並ぶこともある程度だ。

居酒屋の定番メニューになっているメヒカリも今では全漁連推奨の宮崎のプライドフィッシュに指定されているが、かつては畑の肥料扱いされていた。食通で映画評論家の故・荻昌弘さんが宮崎県延岡市の小料理屋で唐揚げを食べて絶賛したことから注目された。

量販店に出回る魚介類はマグロやサーモンなどの輸入養殖魚の定番が多いが、未利用魚ビジネスの登場で日本も個性的な魚を食べる新しい魚食文化の時代に入っていくのかもしれない。

水産小百科⑧　養殖とは

人類史的にみれば、養殖漁業は紀元前の三千年前に中国で行われたコイの養殖が始まりとされ、国連食糧農業機関（ＦＡＯ）によると、世界の養殖業生産量は二〇一二（平成二十四）年に九〇四三万トンを記録し、水産物生産量の四九パーセントを占めた。

これは世界の牛肉生産量に匹敵する量で、養殖は今後も増えるとみられ、世界銀行の報告では二〇三〇年には食用水産物の六割以上が養殖で占められると予測している。

サケ・マス類の全世界生産は三九〇万トンだが、その七一パーセントは養殖であり、日本で氾濫するノルウェーやチリの養殖サーモンのように輸出を目的とした「世界商材」としての意味が今後さらに大きくなってくるとみられる。天然のサケ・マスにはエサのオキアミなどを介した寄生虫がいて生食には向かなかったが、配合飼料で育てたサーモンには寄生虫がいないのが強みで、寿司店の人気メニューになっているほどだ。

日本で海面魚類の本格的な養殖は一九二七（昭和二）年に香川県引田町（現東かがわ市）で始まり、現在ブリ、マダイ、クロマグロなどの半分以上は養殖で生産されている。ノリ、ワカメなどの海藻類にカキ、ホタテガイなどの貝類養殖も含めた二〇一二年の出荷量は一〇七万トンで、漁業全体の生産量の二二パーセントを占める。一九八八年の一四三万トンをピークに一三〇万トン台を推移したが、一九九六年以降減少してきており、価格も低迷しているのが現状だ。

養殖生産のうち六〇パーセントを占めるブリは、一九八九年以降、天然物より高値が付く傾向にある。海の状態に左右されず安定した仕入れができるからで、養殖物は刺身に使われるのに対し、天然物は焼き魚などの加熱用に回される。養殖が八〇パーセント前後を占めるマダイも、かつて天然物の半分の価格だったが、現在では差がなくなっている。

養殖のコスト構造はエサ代と種苗（稚魚）代が大半を占めるが、人工飼料が開発される一九八〇年代まで生餌が直接使われていたため、漁場を汚染し魚病が頻発するなどさまざまな問題を引き起こしていた。それが粉末配合飼料に生餌と栄養成分を加え、粒状に成型したモイスペレットの開発で海洋汚染も減り、一九九七年にワクチンが開発されると魚病も減り、抗生物質の使用量も大幅に減少した。

その一方で、クロマグロやブリ、ウナギなどは最初に稚魚を手に入れなければ養殖は行えないため、稚魚の乱獲にもつながり、天然資源への悪影響を心配する声もある。

そうした中で、産地のブランド化を図るため、エサに柑橘類を混ぜて育てるフルーツ魚が注目されている。四国だけを見ても徳島の「すだちぶり」、愛媛の「みかん鯛」、高知の「ゆずぶり」などが流通するが、抗酸化効果がある果汁や果皮をエサに入れることで身質の褐色化を防いだり、魚の生臭みを抑えたりする効果があるとされている。

農水省が二〇一四年に全国の消費者モニターを対象に実施した調査では、一〇年前と比べ養殖水産物の品質について「良くなった」および「どちらかといえば良くなった」が七一・二パーセントとなり、その理由として「味」を挙げた消費者が最も多かったという。

第九章 内陸で漁業に夢見て

大阪で新聞記者生活のスタートを切ったため、滋賀県の琵琶湖がことのほか好きである。四十代に仙台でデスクをしていた関係で、東北の渓流でイワナやヤマメ釣りに夢中になった。その影響もあって淡水魚を生活の糧とする川漁師の世界についても、一方ならぬ関心を持っている。

「淡海《おうみ》の宝石」とまで呼ばれる琵琶湖のビワマスはどうやって獲るのか。日本最大の湖でブラックバスやブルーギルなどの外来魚に食べられ、数が減少したホンモロコを休耕田のため池で養殖する動きが各地で広がる。

東京電力福島第一原発事故による放射性物質が降り注いだ日光の中禅寺湖では、漁協がヒメマス漁を自粛し、釣り人にキャッチ・アンド・リリースを呼び掛ける。

琵琶湖や霞ケ浦は面積が大きいため、淡水湖でありながら水産庁は近年まで行政区分では「海」として扱ってきた。そんな内陸で漁業に熱い思いを寄せる人々を訪ね歩いた。

◉月夜に姿見せぬ魚・ビワマス

平安時代の「延喜式」に近江の産物として記録が残るビワマス。琵琶湖に太古から生息し、マグロのトロのように脂が乗って味が良いことから「幻のマス」と呼ばれる魚の素顔を見たくて、滋賀県長浜市湖北町の尾上漁港に久しぶりに足を運んだ。

梅雨でぐずついた空模様の二〇一三（平成二十五）年七月初めの午前七時。三代続く漁師で、民宿「舟倉《ふなそう》」を経営する松田好樹さんの小型漁船に乗せてもらい、二キロ沖合へ。

松田さんは一九五四年生まれ。四歳年上の兄茂さんと漁をともにする。船が「琵琶湖周航の歌」で知られる竹生島の近くまで来ると、波が高く、腰を船底に沈めないと激しい揺れに体が外へ放り出されそうになる。

それでも松田さんと茂さんは船のへりから身を乗り出し、湖面に浮かぶ目印の白いブイを手繰り寄せ、深さ約二〇メートルの水中に設置した刺し網（縦六メートル、幅三〇メートル）を引き上げていく。

伝統の長《なが》小《こ》糸網漁《いとあみりょう》の瞬間だ。近くで黒っぽい鵜の群れが盛んに飛び交うのは網の中の魚を狙っているからだろう。やがて水色の網の中に銀色のうろこを輝かす体長三〇センチほどのマスが一匹、もう一匹と姿を現してくる。

「ビワマスは月が出る夜には獲れません。明かりで水中の網が見えるから警戒するのかもしれない。暦は暗夜の時期に入ったのでこれからはいけますよ」

松田さんの言葉通り、この日網に入ったビワマスは全部で一二匹、サクラマス五匹で、今シーズン初の大漁となり、長浜地方卸売市場は沸いた。

「ビワマスは川魚の王様であるコアユを腹いっぱい食べるから味がいいのです。全身に脂が回り、肉はピンク色だけど、今年のマスが赤く見えるのはアユよりスジエビを多く食べているからでは」と松田さん。

「ビワマスは湖の深いところにいて、大雨が降った後によく網に入る」と語る松田好樹さん（滋賀県・琵琶湖の竹生島沖）

ビワマスは琵琶湖固有のサケ科の魚で、大きくなると体長五〇センチ、重さは二キロを超える。生後三、四年で成熟して生まれた河川をさかのぼって産卵する。十、十一月の産卵期になると雨が降った後の増水を利用して河川を遡上することからアメノウオとも呼ばれる。

漁期は六月下旬から九月初めまでの夏場に限られ、琵琶湖全体で二〇―三〇トンの漁獲しかないが、民宿「舟倉」では獲れたてのビワマスを刺身や塩焼き、味噌焼きなどにして楽しませてくれる。ビワマスは湖国ではこのほ

脂がのりながら上品な味のビワマスの造り（滋賀県長浜市の郷土料理店「能登」で）

か酢の物や甘露煮など二〇種類を超える料理に使われる。

そんな至上の宝を取り巻く環境も変わってきた。

滋賀県米原市の県醒井養鱒場で二〇〇六（平成十八）年から始まった三倍体のビワマスを育てる研究が成功し、肉質の良い養殖マスが市場へ出回るようになる一方で、伝統の刺し網ではなくてトローリング漁でビワマスを獲る漁師も出てきたからだ。

伊吹山の麓に広がる長浜市は羽柴（豊臣）秀吉の城下町としてかつて栄えたが、現在は滋賀県内第二の都市で一二万人が暮らす。市内には竹生島や長浜城（今浜城）などの史跡に加え、旧市街地を再生した黒壁スクエアに多くの観光客が訪れる。

そんな歴史的文化の香り高い町を歩くと、あちこちの飲食店で「ビワマスを愉しむ」というのぼりがはためいていることに気づかされる。地域おこしに特産マスを利用しようという試みだ。

地元で郷土料理の店「能登」を営む国友重一さんは「ビワマスは川魚特有の臭みがないのも魅力で、一番おいしい食べ方はやはり刺し身でしょう。マグロのトロに比べ上品な甘みが特徴で、塩焼きもお薦めです。そんな宝の魚が長く生き延びることができるよう、琵琶湖を大事にしていかなければ」と話している。

四〇〇万年もの歴史を持ち「湖のガラパゴス」と呼ばれるほど貴重な水生生物の宝庫だった琵琶湖では、一九七四（昭和四十九）年にブラックバスの生息が初めて確認された。密放流が原因とみられる。

以来、スジエビやタナゴ、ホンモロコなど在来種の小魚類から姿を消し、やがて特産の鮒ずしに使われるニゴロブナも数が激減し、水揚げされるのはブラックバスとブルーギルばかりとなってしまった。

琵琶湖で育ったニゴロブナでつくった鮒ずし。メスの卵をもったものは味も良く高価だ（滋賀県長浜市の「能登」で）

ビワマスは魚体が大きく、生息場所も深いため、これら外来魚の被害はあまり受けないが、琵琶湖ではブラックバスが一九八三年ごろから繁殖を拡大し、ブルーギルは一九九〇年代前半からブラックバスをしのぐ勢いで増え続けた。

滋賀県は「県民の大切な財産が失われる」として年間約一億円の予算を使って本格的な駆除活動に乗り出した。漁業者が獲った外来魚を買い取る一方で、二〇〇三（平成十五）年には釣り人に外来魚のリリース（放流）を禁止する条例を制定し、湖岸に回収箱を設けた。

二〇一二年からは電気ショックで魚を気絶させて捕獲する

「電気ショッカーボート」を導入して、産卵前の大型バスを集中的に漁獲する作戦に乗り出している。

「バスやギルは在来魚の稚魚や卵を食べ尽くし、ここまで増えるとは予想もつかなかった。フナやモロコなど琵琶湖の魚を捕って、おいしく食べてもらうのではなく、外来魚を捕まえては処分するという方法で生計を立てざるをえないとは。いつまでこんな仕事を続けなければならないのか」

守山漁協に所属する漁師の一人で、『わたし琵琶湖の漁師です』(光文社新書)を書いた戸田直弘さんはかつてこう言って嘆いたことがあるが、外来魚の駆除量は一九九〇年の三〇トンから、ピーク時の二〇〇七年には五四三トンまで増え、二〇一三年は一七四トンだった。

これに応じて、ブラックバスとブルーギルの生息量も二〇〇六年の約一九〇〇トンをピークに減少し、二〇一三年時点で九一六トンと推定されている。

市民の駆除活動も盛んで、「琵琶湖を戻す会」(高田昌彦代表)は二〇〇〇年五月から草津市の湖岸で定期的に外来魚の釣り大会を開いている。

「近年はバスが減り、小型のギルが多い。外来魚が減ったと言っても、三〇〇〇匹から四〇〇〇匹釣って在来魚が一匹交じる程度。浸水したボートから水をかき出しているようなもので、今後も徹底的な対策を取り続けない限り、琵琶湖に未来はないと思う」と高田さんは話す。

琵琶湖で在来魚が減少した理由は外来魚の食害だけでなく、一九七二年から二五年間に総額二兆円を投じた琵琶湖総合開発の影響も無視できない。京阪神地域への利水目的の事業で、湖の周囲には道路と水門が造られヨシ原は消滅する一方、浅瀬が埋め立てられたからだ。

「琵琶湖総合開発は在来魚が産卵、成育する場所を奪う一方で、外来魚のすみかを造った」と語るのは、琵琶湖お魚ネットワーク事務局長の水野敏明さんだ。

ところで、こうして駆除した外来魚はどうするのか――。県外の処理工場へ運び、魚粉にして飼料や肥料などに再利用されているが、県立琵琶湖博物館専門学芸員の中井克樹さんは「外来魚はおいしく食べることができる。そのことを知ったうえで駆除を続けてほしい」として、次のように話す。

「調理の際にはぬめりをしっかり取れば特有の臭みが抜ける。ブラックバスは超淡白なので油や香辛料、ハーブを使った料理に合っている。ブルーギルも小骨が多いが、アメリカでは人気があって、刺身にもできるし、塩焼きにすればタイやヒラメに負けない味です」

博物館のレストラン「にほのうみ」では、ビワマスやナマズの料理に加え、ブラックバスの天丼なども出していて人気メニューになっているほどだ。

長浜でビワマス漁の乗船取材をした帰りに、近江八幡市の寿司店「ひさご」へ寄り、クリームコロッケをつまみにビールを飲んだ。目の前の琵琶湖・沖島周辺で取れたブラックバスの身をミンチにして、おからやハーブに混ぜて油で揚げたもので、「沖島よそものコロッケ」の名で親しまれている。

外来魚すなわち「よそもの」を食材にしたことからこの名前が付けられ、地元のＢ級グルメの間でよく売れているそうだ。

沖島は琵琶湖で最大の島で、漁師のおかみさんたちが夏祭りの準備をしている時、「バスをフライにしてみたら」と話題になり、実際に食べてみたら香ばしくて、おいしいことが分かったという。

寿司店の若手職人が手助けして、改良を重ねてよそもののコロッケが誕生した。漁協関係者は「憎まれ役を使って地域が元気になろうという試み」と語っている。

ブルーギルにしても日本への由来は、天皇陛下が皇太子時代に米国から土産に持ち帰ったのが始まり。迷惑物になってしまったとしても肥料ではなく、魚としての生を全うさせる度量が人間側にあってもいいのではないか——そんなことを考えた。

◉淡水魚の王様・ホンモロコ

二〇〇七（平成十九）年四月下旬に外来魚の駆除現場を取材するため、琵琶湖の東岸を歩いたことがある。

湖に流れ込むヨシの茂った川べりには、ウキ釣りでホンモロコを狙う太公望たちの姿が目立った。

「多い人は一日に一〇〇も一五〇匹も釣る。それを見込んで、京都・祇園の料亭から一匹五〇〇円以上の高値で買い求めに来るんや。琵琶湖のモロコは日本一の美味やから」と、休日のたびにサオを出しに訪れるという地元の男性が語る。

ホンモロコはコイ科の淡水魚で、ビワマスやニゴロブナなどとともに琵琶湖で独自の進化を遂げてきた固有種。水深五メートルくらいの中層域に生息し、成魚で一〇―一五センチになる。

骨が柔らかく、脂もよくのっているのでフライパンで焼く際には油もいらないほど。酢漬けや田楽、佃煮などにもするが、「早春に取れた子持ちのモロコを腹から背中、そして頭をジュッジュッと焼いてやり、生姜醤油や土佐酢に付けて食べると最高。やや苦みのある味がくせになります」と語るのは京都・西陣で八〇年続く居酒屋「神馬」の三代目酒谷直孝さんだ。

そんなホンモロコが一九九五年には一八〇トン捕れたが、ブラックバスとブルーギルの食害に遭い、二〇〇四年に一〇トンを割るまで激減。このため、滋賀県は外来魚駆除に力を入れる一方で、フナズシをつくるのに使うニゴロブナと、ホンモロコの稚魚を毎年重点放流して資源回復を図ってきた。その結果、ホンモロコも増えてきて、市場にも流通して祇園の料亭が釣り人から破格の値段で買い取るようなことはなくなっているそうだ。

琵琶湖の珍味を田園地帯のため池で育てようという動きが全国各地に広がる。

ホンモロコを養殖するため池で稚魚の育ち具合を観察する井上敏さん（岡山県美咲町）

二〇一三（平成二十五）年六月、ＪＲ岡山駅から津山線に乗って一時間で到着する岡山県美咲町を訪れた。近年、卵かけご飯の里として観光客の人気を集めている人口約一万五〇〇〇人の中山間地域だ。

全国の棚田百選に選ばれるほど見事な水田が広がるが、町民の高齢化に伴う耕作放棄地の増加が悩みのタネ。

「このままでは伝統的な農村の風景も失われる。町を活性化させるためにも休耕田をうまく使うため、ホンモロコの養殖を手掛けたのです」

と語るのは地元で造園業を営む井上敏さんで、自動車販売業や建設コンサルタントなど異業種の七人と一緒にホンモロコの養殖に取り組んでいる。

井上さんたちは二〇〇五年秋、中国山地を挟んだ鳥取県八頭町に淡水魚養殖に詳しい内水面集研究所を主宰する七條喜一郎さんを訪ね、技術指導を受けることにした。

元鳥取大農学部助教授で、フナの遺伝形質を研究してきた七條さんはホンモロコの養殖方法を確立し、東北から九州の各地へノウハウを伝授していた。

「ホンモロコは春に卵をふ化させ、秋には漁獲できるので、稲作と同じサイクル。経営のリスクが小さいので、年寄りが小遣いを稼ぐのにはちょうどいいビジネス」と七條さん。

美咲町ではホンモロコを一一か所、計三五アールのため池で育てていて、毎年八〇〇キロを漁獲し、地元の小中学校や老人ホームに提供して空揚げなどに使われている。

骨が軟らかいうえ、カルシウムやビタミンEも多い点が歓迎され、その一部は和歌山の柿の葉寿司のネタにも使われている、という。

琵琶湖産のホンモロコでつくった旨煮（京都市の錦市場にある川魚専門店で）

食通の間では淡水魚の王様と呼ばれるホンモロコだが、見た目はとても地味。「人工飼料で育てる養殖モロコが、きれいな湖水で動物プランクトンをエサにして育った湖産のホンモロコに風味でかなうはずがない」とは前出の酒谷さんの言葉だが、養殖ものの間でも産地間競争まで起きており、どう町外へ売り出すか、井上さんたちも工夫をこらしている。

◉放射能禍のヒメマス

東日本大震災から二年四か月たった二〇一三（平成二十

五）年七月七日、まさに七夕の日に栃木県日光市の中禅寺湖畔を訪れた。

昭和三十年代に横浜で生まれ育った小学生の修学旅行先は日光が定番なので、大人になってから訪ねる機会は減り、久しぶりに見た男体山と湖水に糸を垂らす釣り師の姿は一幅の絵になるのではという印象を受けた。

中禅寺湖は約二万年前に男体山（標高二四八六メートル）の噴火でできた堰止湖で、周囲の距離が約二五キロ、最大水深は一六三メートルもある大きな湖だ。

勝道上人が七八二（天応二）年に男体山に登頂した時に発見したと伝えられている。一八七八（明治十一）年に日光を訪れた英国の女性旅行家イザベラ・バードは、神として崇められる男体山と無限の静寂の中に眠る中禅寺湖の姿に深く感銘を受けた、と『日本奥地紀行』に記していた。

明治の中ごろから昭和の初めにかけて、中禅寺湖周辺には欧米各国の大使館別荘が建設され、外交官たちが避暑に訪れるリゾート地として栄えた。

一九九九（平成十一）年に日光の社寺が国連教育科学文化機関（ユネスコ）の文化遺産に登録されたことから中禅寺湖も脚光を浴びたが、この湖は明治の末にスコットランド人の貿易商トーマス・グラバーがアメリカ産のカワマスを放流してフライフィッシングを楽しんだところから「マス釣りの聖地」とも呼ばれる。

現在はヒメマスやホンマス、ニジマス、ブラウントラウトなど八種類のマスが生息し、年間

湖水に糸を垂らし、ヒメマスの姿を一目見たいと願う釣り人（栃木県日光市の中禅寺湖、正面は男体山）

二万人を越える釣り人でにぎわっていた。

その環境を大きく変えたのが、二〇一一年三月の東日本大震災だった。中禅寺湖漁協専務理事の鹿間久雄さんは「あの時、風が西に吹かなければ、こんなことにはならずにすんだのに……」と割り切れない思いでいる。

福島第一原発から拡散した放射性物質は偏西風に乗って約一六〇キロ離れた中禅寺湖の上を通り、群馬県側の森林帯に降下した。落ち葉などに付着した放射性物質が河川を通じて中禅寺湖へ流れ込み、ヒメマスやニジマスなどから規制値の一〇〇ベクレルを超えるセシウムが検出され、漁獲禁止が現在まで続く。

一九八六年のチェルノブイリ原発事故後、北欧の湖の魚から三十年たっても放射性物質が検出されている例を見ても容易ならざる事態であることが分かるだろう。

中禅寺湖は一九〇六（明治三十九）年に北海道の支笏湖からヒメマスを移入し、釣って良く、味もいいことから地元に定着した。湖畔の旅館やホテルでは脂の乗った朱色の身を造りにしたり、塩焼きやバター焼きにしたりしたヒメマス料理を出して人気を集めていた。飲食店に限らず、貸し船店や土産物店もマスに全面的に頼る生活をしてきた。

それだけに原発事故で受けた衝撃は大きく、漁協の中では「全面禁漁もやむを得ない」という声も強かったが、「空白をつくると、一度離れた釣り人は二度と戻ってこない」として鹿間さんが考え出した苦肉の策がキャッチ・アンド・リリースだった。

ヒメマスを釣っても持ち帰らせず、湖水に返し、雰囲気だけでも楽しんでもらえないか、と渋る行政を説得した。

飲食店の主人の間からは「アユ釣りだってアユを持ち帰るためにしているのに、ヒメマスを食べることができない釣りをする物好きがどこにいるか」との声もあったが、二〇一二年は水域を限定して試行し、二〇一三年は四月一日から半年間全域に導入したが、震災前に比べて七割の人が来てくれたという。

その一人で、春から六回も釣りに訪れたという東京都青梅市内の四九歳会社員は「ここは空気もいいし、天上の楽園と呼ぶにふさわしい。ルアーを投げてヒメマスの引きを楽しんで、美しい姿を見るだけで満足。マスを食べることができないのは残念だけれど、湖畔へ足を運ぶだけで心が癒やされます」と語る。

中禅寺湖は水深が深く、湖底に沈んだ放射性物質は排出されにくく、湖水が入れ替わるのに六年程度かかるそうだ。その上、淡水魚は体内の塩分を保持しようとする機能が働き、海の魚に比べて放射性セシウムが排出されにくいという。

「汚染されたマスを回収しないで、湖水に戻すだけで問題は解決するのか」——。鹿間さんの悩みは深刻だが、「行政や釣り人とも手を結びながらマス釣りの聖地を再生させていきたい」と意欲を見せている。

中禅寺湖にはかつてブラックバスが密放流されたが、ヒメマスの生息環境を守れと漁協や釣り人が協力して、バスの産卵床をつぶしたり、水中銃で成魚を除去したりした結果、繁殖を防ぐことに成功したという。

中禅寺湖の歴史も元をたどれば、魚の住まない湖にヒメマスを放流し、その後に外来魚が入り込み、原発事故まで加わった。

淡水魚受難の聖地に今後も目を向けていきたい。

水産小百科⑨ ウナギとキャビア

二〇一五年七月の「土用の丑の日」、クロマグロの本格養殖で定評がある近畿大学（大阪府）が世間をあっと言わせた。農学部の有路昌彦准教授がウナギ味のナマズの養殖に六年がかりで成功し、東京と大阪の大学直営店で蒲焼き重を試験販売したところ、「ウナギの代替品として十分いける」と好評だったのだ。

地下水で育てることで泥臭さをなくし、エサの調合で脂身や弾力を増したナマズは焼き上がると、食感は軟らかくウナギそのもの。有路准教授は「今後一年間で一〇万匹くらいを生産し、いずれワンコインでナマズ丼を食べられるようにしていきたい」と抱負を語る。

ウナギ味のナマズを開発したのは、ニホンウナギが二〇一四年六月に国際自然保護連合（ＩＵＣＮ）のレッドデータに載り、環境省の絶滅危惧種にも指定され、同年九月に日本と中国、台湾が捕獲した天然ウナギの稚魚であるシラスウナギの養殖量を減らすことで合意したからだという。

日本の食卓に上がるウナギのうち九九パーセント以上が養殖で、静岡、愛知、宮崎、鹿児島が主な生産県。シラスウナギを育てることで成り立つが、近年は極端な不漁で一九七〇年代後半に五〇トン程度あった漁獲量が、二〇一三年には五・二トンまで激減した。ウナギの値段は高騰し、それに悲鳴を上げた専門店の廃業が相次いだ。

シラスウナギは、冬の新月の夜、満潮時に海から川へ遡上してくる時に許可された漁業者が採捕するが、高値が付くため密漁が後を絶たず「白いダイヤ」の別名もあるほどだ。国内だけでは賄い切れないため、日本は東南アジアの各国から輸入して世界のウナギの七〇パーセントを消費する形になっている。

水産研究者の小松正之さんは「ウナギを長く食べ続けるため、シラスウナギについて日本全体の総漁獲量（ＴＡＣ）を設定し、県別の漁獲割当量として配分し、個別の漁業者に配分することが大事」と話している。

世界の三大珍味の一つとして知られるキャビアは、淡水で生息するチョウザメの卵を塩漬けして加工したものだが、宮崎県で三十年がかりでチョウザメの生産に成功したことはあまり知られていない。

旧ソ連から宮崎にチョウザメの幼魚が送られてきたのは一九八三年で、二〇〇四年に宮崎県水産試験場小林分場で養殖に成功し、二〇一一年には種苗の量産技術も確立した。現在山間部の二一か所の池で養殖されているが、魚卵を採取する時期や岩塩を使って熟成させる方法に工夫を重ね、「宮崎キャビア１９８３」の名前で売り出したところ、日本酒との相性が良く、評判になっている。

宮崎県は二〇一六年度からこの国産キャビアを海外へ輸出するが、チョウザメはＩＵＣＮのレッドリストで絶滅危惧種に指定されていて、世界的にも養殖の技術開発が進められているだけに、追い詰められたウナギ漁と比べ救いのある話題といえよう。

あとがき

太平洋戦争中の、あまり知られていない海難の歴史に鹿島灘事件があります。一九四五（昭和二十）年二月二十五日、茨城県の鹿島灘でサメ漁をしていた福島県いわき市の底引き網漁船三〇隻が、米の航空母艦から飛び立った戦闘機の群れに銃撃され、一三一人が死亡するという惨事が起きました。

辛うじて助かった船が被災した僚船を塩屋崎灯台に近い江名港まで曳航してきて、岸壁には漁師の遺体が浜に打ち上げられたイルカのようにたくさん並んだと伝えられています。

「太平洋側では珍しく雪が一メートルも積もる大雪の日で、小学校へ行く途中路地のあちこちからすすり泣きの声が聞こえた。自分の父親は船の調子が悪くて出漁できずに助かったが、戦争とは本当にむごいことをするものだと思った」と当時を回想するのは、いわき市漁協組合長の矢吹正一さんです。

矢吹さんが地元の真福寺境内に立つ慰霊碑に参拝するのに同行させてもらった際、碑の前で手を合わせてじっと拝む様子を見て、海上では逃げ場もないまま命を落とした故郷の先輩たちの無念さを思って胸にこみ上げるものがあったのだと思います。

ここ数年、日本の各地を漁業の取材で歩いていて、時折漁船に乗せてもらいながら写真を撮ろうとした時、船が大きく揺れ海に放り出されそうになったことが何回かありました。そのたびに「板子一枚下は地獄」という言葉を思い出し、鹿島灘事件を引き合いに出すまでもなく、漁師の仕事の厳しさを実感したものです。

漁師の行動を見ていると、船で漁場へ向かう途中や実際に漁をしながらタバコを吸う人がとても多いことに気づきました。広い海上で船が転覆したらどうなるかなどと考え、気持ちを鎮めるのにタバコが一役買っているのかもしれません。健康に留意して禁煙するという陸上のデスクワークをするサラリーマンとは違う生活感覚があるのでしょう。

そんな危険と隣り合わせの仕事を日々しながら、海の恵みを得て暮らす人々の姿に魅かれ、大型連載企画『海と生きる　往年の輝き求めて』（二〇一三年四月から一年間、共同通信配信）を書き続け、それを基にこれまで長年続けてきた漁業取材のエピソードを盛り込み、本書をまとめるに至りました。

さまざまな課題を抱える日本の水産業の在り方をめぐっては、学者・研究者の間で、二つの考えがあって、時に激しい応酬がされています。

大まかに言えば、一方は、日本も魚の乱獲に歯止めをかけ資源管理をきちっとするため、漁業協同組合が持っている漁業権を北欧のように民間企業にも開放して漁業再生を目指すべきだという主張です。

それに対して、資源の減少は自然現象の部分もあって、海を守る漁業者の日々の努力にも目を向けるべきで、漁協を問題視しても始まらない、という考え方です。

前者は「鳥の目」、後者は「虫の目」から日本の漁業を見ているというくらい視点に違いがあり、双方の立場から単行本が数冊出版されているほどです。

どちらの主張にも学ぶべき点はあると思うのですが、わたしが本書で試みたのは、そうした漁業全体の俯瞰図を描くための、列島の漁師のナマの声を集めた報告記を書くことでありました。すべての議論の前提は、当事者の証言に耳を傾けることから始まると考えたからです。


全国の漁村を歩いてきて最も感じたことは、東日本大震災に伴う東京電力福島第一原発事故で甚大な影響を受けた福島県の漁業をどう再生させるかという問題です。

本書でも第一章の冒頭で、常磐沖で操業する様子を現地ルポの形でまとめましたが、福島の漁業者は震災一年半後から試験操業という形で週に一、二回船を沖へ出しています。安全性が確認された魚種に限って築地市場をはじめ、全国の一部市場に出荷しています。

これに対して風評被害は相変わらず強く、福島産の農水産物に対して厳しい目を向ける消費者は少なくないのですが、福島の事故はこの日本で暮らす以上、けっして他人事でないことは誰もが分かっているのではないでしょうか。

五年前、原発ノーの声があれほど列島中に響き渡りながら、日本政府は原発推進の道を再び歩むことを決断したからです。鹿児島の九州電力・川内原発に続き、福井県の関西電力・高浜原発でも再稼働を始めました。

日本は全国に計画中も含め約五〇基もの原発を抱えているので、またどこかで再び事故が起きるかもしれない。そうなった時に、どう考えてどう行動するかという問題であります。福島産の水産物は、最も厳しい検査を受けて問題のないものに限って出荷している以上、消費者は冷静に判断してほしい、と考えます。

われわれの周囲には海外から輸入されたものをはじめ、さまざまな食品が氾濫していて、その品質まで十分にチェックされていないのが現状です。その意味で言えば、現在日本で最も安全な水産物は福島県産ともいえ、その証拠に築地市場では商品としてきちっと扱われています。

安倍晋三首相は二〇一三（平成二十五）年九月に開かれた東京五輪を誘致するための国際オリンピック委員会総会で、「海への影響はコントロールできている」と海外向けに安全を強調しました。

同じころに相馬市を訪れ、試験操業で獲れた魚を試食して安全をPRしたこともありましたが、その魚は東京・築地をはじめ各地の市場にも出荷されています。

そうしたことを考えるなら、首相は五輪を成功させるためにも、「フクシマの魚は安全である」と日本の実情を世界へ向かって情報発信するくらいの取り組みが必要でしょう。

今回の震災では、福島に限らず、岩手、宮城など東北の漁業は壊滅的打撃を受けて、復興も十分に実現していないことは本書でも触れてきた通りです。

そうした現状を知ったうえで、東北の水産物を消費者は積極的に食べてほしい。現在日本の水産業再生は消費者の理解と支援なくしてはあり得ないということを感じているからです。


日本の水産業の抱える問題は、じつに複雑多岐にわたります。

現在店頭にあふれているサーモンは北欧などから輸入した養殖もののサケ・マスの総称です。その多くがすしネタや、量販店の総菜、弁当の塩ザケに使われています。これに対して国内産のシロザケは中国など海外に輸出されて、そこから米国西海岸へ運ばれ、安価なサーモンとして人気を集めているそうです。

食糧自給の観点から見ても首をかしげるような事態といえるでしょう。

魚をヘルシーフードとみる世界は明らかに「魚食の時代」に入っています。日本は現在消費する水産物の約半分を輸入に頼っていますが、各国間で水産物の争奪戦も始まっていて、いずれ輸入魚も満足に手に入らなくなる時代が来るでしょう。

日本の漁業を統計で見ると、遠洋、沖合ともに生産高はすでに頭打ちですが、沿岸漁業は比較的安定していて、水揚げ金額では日本漁業全体の過半数を占めています。今後もさほど沖へ出ず、一日くらいの操業で港へ戻る漁業が水産の要になってくることは間違いなさそうです。

本書はそうした沿岸漁業に携わる方たちからの聞き書き集であります。

この中で登場していただいた方たちのように情熱を持った漁師が各地の浜にはたくさんいますので、そうしたエネルギーを生かし、日本の漁業が再び元気になる時が来てほしい、と願っています。

水産の専門家でもない社会部記者がまとめた報告集であるため、不勉強さを露呈した部分もあるかもしれません。そうした箇所があれば、ご指摘いただけたら、ありがたく思います。

この五年間、取材に協力していただいた全国の漁業関係者の皆さま、いろいろとお世話になりました。多くの文献を通してご指導いただいた研究者の方々にも感謝しております。

そして、宮本常一関連の本を多く出している農山漁村文化協会編集局の阿部道彦さんに出版に向けて並走していただいたこともうれしかった。皆さまに厚くお礼を申し上げる次第であります。

二〇一六年二月、東日本大震災から五年の春を迎えて

岩手県・重茂半島の浜にて　上野敏彦

【参考・引用文献】（順不同）

田中克、川合真一郎、谷口順彦、坂田泰造編『水産の21世紀　海から拓く食料自給』（京都大学学術出版会、2010年）
吉村昭著『三陸海岸大津波』（文春文庫、2004年）
濱田武士著『漁業と震災』（みすず書房、2013年）
濱田武士著『日本漁業の真実』（ちくま新書、2014年）
濱田武士、小山良太、早尻正宏著『福島に農林漁業をとり戻す』（みすず書房、2015年）
寺島英弥生著『風評の厚き壁を前に』（明石書店、2015年）
大江正章著『地域に希望あり―まち・人・仕事を創る』（岩波新書、2015年）
畠山重篤著『リアスの海辺から』（文藝春秋、1999年）
畠山重篤著『鉄で海がよみがえる』（文春文庫、2012年）
畠山重篤著『牡蠣とトランク』（WAC、2015年）
高成田享著『さかな記者が見た大震災　石巻讃歌』（講談社、2011年）
鈴木孝也著『牡鹿半島は今　被災の浜、再興へ』（河北新報出版センター、2013年）
小松正之著『日本の食卓から魚が消える日』（日本経済新聞出版社、2010年）
小松正之著『海は誰のものか　東日本大震災と水産業の新生プラン』（マガジンランド、2011年）
小松正之監修『漁師と水産業』（実業之日本社、2015年）
加瀬和俊著『3時間でわかる漁業権』（筑波書房、2014年）
片野歩著『日本の水産資源は復活できる』（日本経済新聞出版社、2012年）
片野歩著『魚はどこに消えた？　崖っぷち、日本の水産業を救う』（ウェッジ、2013年）

古川美穂著『東北ショック・ドクトリン』（岩波書店、２０１５年）
『至福を求め海に生きる―50年の軌跡―』（重茂漁業協同組合、２０００年）
『社会運動』４１４号、重茂漁協特集号（市民セクター政策機構、２０１４年９月）
勝川俊雄著『日本の魚は大丈夫か　漁業は三陸から生まれ変わる』（ＮＨＫ生活新書、２０１１年）
勝川俊雄著『漁業という日本の問題』（ＮＴＴ出版、２０１２年）
佐野雅昭著『日本人が知らない漁業の大問題』（新潮新書、２０１５年）
山田吉彦著『日本は世界4位の海洋大国』（講談社α新書、２０１０年）
婁小波著『海業の時代　漁村活性化に向けた地域の挑戦』（農文協、２０１３年）
大森信、志田喜代江著『さくらえび　漁業百年史』（静岡新聞社、１９９５年）
加藤辰夫著『環日本海の漁業と地域産業』（成山堂、２００６年）
山本民次、花里孝幸編著『海と湖の貧栄養化問題　水清ければ魚棲まず』（地人書館、２０１５年）
星野芳郎著『瀬戸内海』（岩波新書、１９７２年）
『生きてきた瀬戸内海―瀬戸内法三〇年―』（瀬戸内海環境保全協会編、２００４年）
鷲尾圭司著『明石海峡魚景色』（長征社、１９８９年）
中澤さかな著『道の駅「萩しーまーと」が繁盛しているわけ』（合同出版、２０１２年）
竹国友康著『ハモの旅、メンタイの夢　日韓さかな交流史』（岩波書店、２０１３年）
川本大吾著『漁食文化の大ピンチを救え！』（時事通信社、２０１０年）
生田與克著『あんなに大きかったホッケがなぜこんなに小さくなったのか』（角川学芸出版、２０１５年）
藤井克彦著『江戸前の素顔　遊んだ・食べた・釣りをした』（文春文庫、２０１４年）

増子義久著『東京湾が死んだ日　ルポ京葉コンビナート開発史』（水曜社、2005年）
大石又七著『ビキニ事件の真実』（みすず書房、2003年）
田中克哲著『漁師になるには』（ぺりかん社、2005年）
山本智之著『海洋大異変　日本の魚食文化に迫る危機』（朝日新聞出版、2015年）
本田良一著『密漁の海で　正史に残らない北方領土』（凱風社、2011年）
岩下明裕著『北方領土・竹島・尖閣、これが解決策』（朝日選書、2013年）
琉球新報、山陰中央新報著『環りの海　竹島と尖閣　国境地域からの問い』（岩波書店、2015年）
東アジア鰻資源協議会日本支部編『うな丼の未来　ウナギの持続的利用は可能か』（青土社、2013年）
藤岡康弘著『川と湖の回遊魚　ビワマスの謎を探る』（サンライズ出版、2009年）
滋賀の食事文化研究会編『ふなずしの謎』（サンライズ出版、1995年）
『現代用語の基礎知識2016』（自由国民社）
このほか、水産庁が毎年出版する水産白書、全国紙、ブロック紙、地方紙、共同通信の記事、JF全漁連の季刊誌『漁協くみあい』などを参考にした。

●著者略歴

上野 敏彦（うえの・としひこ）

共同通信編集委員兼論説委員、記録作家、コラムニスト。

1955年神奈川県生まれ、横浜国立大学経済学部卒業。79年より共同通信記者、社会部次長、宮崎支局長を経て現職。

環境公害や漁業、食文化、日本の近現代史が取材テーマで、民俗学者・宮本常一の影響を受けて日本各地を取材で歩く。『海と生きる　往年の輝き求めて』、『ゼロからの希望　戦後70年』など多くの連載企画を手がけた。

著書に『新編塩釜すし哲物語　震災から復興へ』（ちくま文庫、2011年）、『木村英造　淡水魚にかける夢』（平凡社、2003年）、『辛基秀と朝鮮通信使の時代　韓流の原点を求めて』（明石書店、2005年）、『新版　闘う純米酒　神亀ひこ孫物語』（平凡社ライブラリー、2012年）、『千年を耕す　椎葉焼き畑村紀行』（平凡社、2011年）、『闘う葡萄酒　都農ワイナリー伝説』（平凡社、2013年）、『神馬　京都・西陣の酒場日乗』（新宿書房、2014年）がある。

共著に『決断の残像　51年目の「自立」のために』（共同通信社、1996年）、『日本コリア新時代　またがる人々の物語』（明石書店、2003年）、『総理を夢見る男　東国原英夫と地方の反乱』（梧桐書院、2010年）など多数。

海と人と魚

日本漁業の最前線

2016年3月11日　第1刷発行

著　者　上野　敏彦

発行所　一般社団法人　農山漁村文化協会
〒107-8668　東京都港区赤坂7丁目6-1
電話　03（3585）1141（営業）　03（3585）1145（編集）
FAX　03（3585）3668　振替　00120-3-144478
URL　http://www.ruralnet.or.jp/

ISBN 978-4-540-15182-8　DTP／ふきの編集事務所
〈検印廃止〉　印刷・製本／凸版印刷㈱

©上野敏彦 2016
Printed in Japan　定価はカバーに表示
乱丁・落丁本はお取り替えいたします。

農文協・図書案内

海業の時代

漁村活性化に向けた地域の挑戦

◉婁　小波著

民宿、遊漁船業、体験型観光など海洋資源や漁村の文化・伝統をもとに価値化する生業を「海業」ととらえ、全国の事例を通して域内経済循環システム構築の方法を検討。岩手県田野畑村など大震災からの復興の事例も。

2600円＋税

舟と港のある風景

日本の漁村・あるくみるきく

◉森本孝著

昭和40年代後半から50年代に、宮本常一の教示を受け、日本の津々浦々の漁村を歩き、海に生きる人々の暮らしの成り立ちや知恵、文化を聞き書きした珠玉のエッセー。伝統漁船、漁具、漁法等の一級資料でもある。

2762円＋税

調べてみよう　ふるさとの産業・文化・自然①

日本列島の農業と漁業

◉中川重年著

千枚田の米つくりをボランティアで守る里（石川県）、日本で最初にお茶を栽培した里（佐賀県）、郷土料理アンコウ鍋にこめられた知恵と工夫（茨城県）など、それぞれの土地で暮らしてきた歴史と現代の工夫を紹介。

3000円＋税

（価格は改定になることがあります）